图 5-1
霜霉病叶面的黄褐色病斑

图 5-2
霜霉病叶背的霜霉状物

图 5-3
霜霉病为害果实

图 5-4
白腐病为害果实症状

图 5-5
白腐病为害叶片症状

图 5-6
炭疽病病果出现轮纹状分生孢子盘

图 5-7
炭疽病为害叶片症状

图 5-8
黑痘病果粒上的鸟眼状病斑

图 5-9
白粉病为害叶片症状

图 5-10
白粉病为害果实症状

图 5-11
灰霉病为害叶片症状

图 5-12
灰霉病为害果实症状

图 5-13
穗轴褐枯病为害果穗症状

图 5-14
穗轴褐枯病在果粒上形成的疮痂

图 5-15
大褐斑病为害叶片症状

图 5-16
小褐斑病为害叶片症状

图 5-17
酸腐病为害果实症状

图 5-18
酸腐病诱发果蝇在果实上产卵

图 5-19
葡萄老蔓上的根癌病

图 5-20
葡萄根颈上的根癌病

图 5-21
扇叶病叶片成扇状

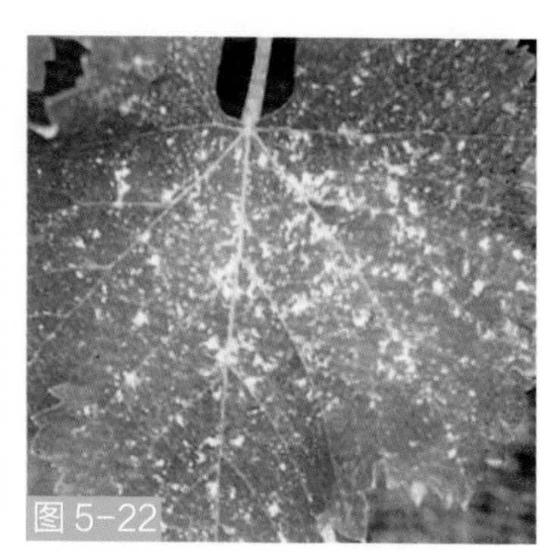

图 5-22
葡萄扇叶病病叶出现散生斑点

图 5-23
葡萄卷叶病症状

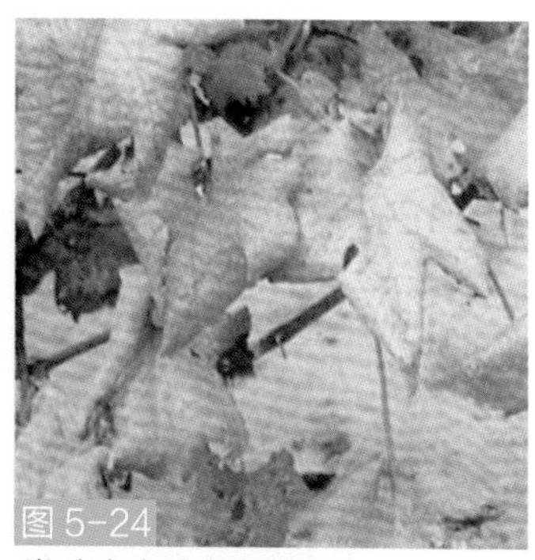

图 5-24
卷叶病病叶变为黄白色

图 6-1
毛毡病病叶背面的白色茸毛

图 6-2
毛毡病病叶正面变形凸起

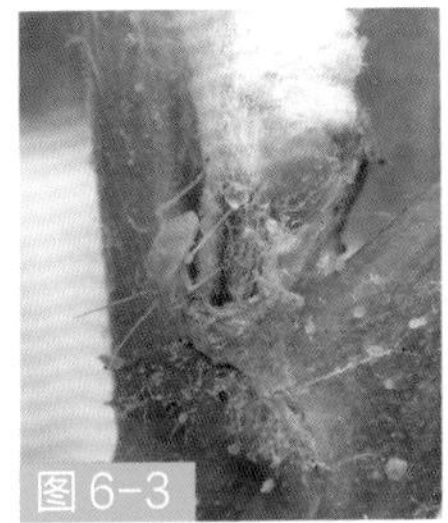

图 6-3
绿盲蝽成虫

图 6-4
绿盲蝽为害叶片症状

图 6-5
葡萄透翅蛾成虫

图 6-6
葡萄透翅蛾幼虫
蛀食枝蔓

图 6-7
斑衣蜡蝉成虫

图 6-8
斑衣蜡蝉低龄若虫

图 6-9
斑衣蜡蝉 4 龄若虫

图 6-10
二星叶蝉成虫

图 6-11
二星叶蝉为害叶片症状

图 6-12
白粉虱成虫和卵

图 6-13
天蛾成虫

图 6-14
葡萄天蛾幼虫

图 6-15
白星花金龟成虫

图 6-16
白星花金龟为害果粒症状

图 6-17
虎蛾成虫

图 6-18
虎蛾幼虫

图 6-19
虎天牛成虫

图 6-20 虎天牛幼虫

图 6-21 虎天牛蛀食葡萄枝蔓

图 7-1 日灼病病果表面凹陷

图 7-2 日灼病果粒干枯

图 7-3 葡萄裂果病症状

图 7-4 裂口引起杂菌污染

图 7-5 葡萄水罐子病

图 7-6 缺钾叶片症状

图 7-7 缺铁叶片症状

图 7-8 缺锰叶片症状

图 7-9 缺锰果穗间夹生绿果

图 7-10 缺锌果粒大小不一

图 7-11 缺镁叶片症状

图 7-12 缺氮叶片症状

图 7-13 缺磷叶缘发红焦枯

葡萄科学施肥与病虫害防治

刘淑芳　贺永明　主编

化学工业出版社

·北京·

本书在简述葡萄的营养特性与肥料种类的基础上，详细介绍了无公害葡萄生产肥料选用和科学施肥，测土配方施肥技术，葡萄主要病害、虫害、生理性病害、缺素症以及葡萄病虫害综合防治技术等内容。为便于读者识别和判断，对葡萄病害、虫害、生理性病害与缺素症部分，辅以大量高清彩色图片进行说明。

本书图文并茂，内容全面系统，可操作性强，适合广大葡萄种植者、农业生产技术推广人员使用，也可供农林院校相关专业师生阅读。

图书在版编目（CIP）数据

葡萄科学施肥与病虫害防治/刘淑芳，贺永明主编．北京：化学工业出版社，2016.4（2023.5重印）

ISBN 978-7-122-26372-8

Ⅰ.①葡…　Ⅱ.①刘…②贺…　Ⅲ.①葡萄栽培-施肥②葡萄-病虫害防治　Ⅳ.①S663.106②S436.631

中国版本图书馆 CIP 数据核字（2016）第 036834 号

责任编辑：刘　军　　　　文字编辑：孙凤英
责任校对：边　涛　　　　装帧设计：关　飞

出版发行：化学工业出版社
（北京市东城区青年湖南街 13 号　邮政编码 100011）
印　　装：三河市延风印装有限公司
850mm×1168mm　1/32　印张 5¼　彩插 4　字数 134 千字
2023 年 5 月北京第 1 版第 8 次印刷

购书咨询：010-64518888　　　　售后服务：010-64518899
网　　址：http://www.cip.com.cn
凡购买本书，如有缺损质量问题，本社销售中心负责调换。

定　　价：22.80 元　

前言

葡萄是世界上栽培最早、分布最广和栽培面积最大的果树之一。葡萄不仅味美可口，而且营养价值极高，被誉为“世界四大水果之首”。2013年，我国葡萄栽培面积已达71.464万公顷，产量为1155万吨，尤其是鲜食葡萄，面积和产量均位居世界第一。近年来，北方主要传统葡萄产区凭借着比较优越的自然条件和丰富的栽培经验，葡萄生产得到了快速发展，而一些新区，包括南方地区也开始积极种植葡萄。葡萄生产已遍及全国各地，呈现良好的发展态势。

我国葡萄栽培面积虽然很大，但是果品质量一直在低水平徘徊。施肥与果品质量的关系已成为人们关注的热点，其中果品质量和食用安全问题最受关注。果品食用的安全性，主要是指果品中那些可能危及人体健康的有害残留物质，如硝酸盐、重金属和农药残留以及过量激素等在果品中的残留量。实践证明，健康的果树才能生产出质量安全的果品，果树营养不足或营养过剩，都会导致果树不健康，致使果品质量下降。肥料的安全施用能使果树健壮生长，增加产量，提高品质，生产出安全的果品。同时，对降低生产成本，提高肥料利用率，保护农业生态环境具有重要作用。

另外，由于受到地理环境、异常气候和农业生态环境变化的影响，加之新品种引进和栽培管理制度的改变，葡萄病虫害发生也趋于复杂，一些新的病虫害威胁加大。由于新技术普及程度的影响，葡萄生产中普遍存在着病虫害防治技术陈旧、农药使用不科学等问题，这不仅制约着果品产量和品质的提高，还严重影响了果品的市场竞争力和生产效益。特别是生产优质、安全、无公害的果品，对生产者的技术提出了更高的要求。

本书以服务于广大葡萄种植专业户和基层技术人员为出发点，在编写内容上力求科学严谨，简单实用，贴近生产。书中介绍了葡萄的营养特性、肥料种类、葡萄生产肥料选用和科学施肥以及测土配方施肥技术等，另外还对葡萄园中发生的病害、虫害以及病虫害综合防治做了介绍，并辅以大量的彩色图片，便于读者识别和判断。需要特别说明的是，本书所用药物及其使用剂量仅供读者参考，应根据当地实际栽培条件科学操作。在生产实际中，所用药物通用名、常用名和实际商品名称有差异，药物浓度也有所不同，建议读者在使用每一种药物之前，参阅厂家提供的产品说明及药物用量、用药方法、用药时间及禁忌等。

本书在编写过程中，参考和引用了很多国内外书籍和文献中的内容，在此对那些被引用的书籍和文章的作者表示感谢。

由于笔者专业水平所限，书中不当和疏漏之处在所难免，敬请广大读者和同行专家给予批评指正。

编者

2016 年 2 月

目录

第一章　葡萄的营养特性 /1

第二章　肥料种类 /25

第四章 葡萄园测土配方施肥技术 / 67

第五章　葡萄病害 / 82

第六章　葡萄虫害 / 105

第七章　葡萄生理性病害及缺素症 / 119

第一章 葡萄的营养特性

葡萄在维持自身的生命活动过程中，不仅需要从外界吸收水分，而且需要从周围环境中摄取矿质元素。在葡萄体内这些矿质元素有其各自不同的功能，是葡萄生长发育的重要物质基础。虽然葡萄的各个部位都能吸收矿质元素，但由于矿质元素主要存在于土壤中，所以根系吸收矿质元素就成为从外界环境中摄取养分的主要方式。由于土壤中所含的矿质元素，无论是从种类上还是数量上往往不能完全及时地满足葡萄生长发育的需要，因此，必须进行施肥。通过了解葡萄的营养特点和规律，进行合理肥水管理，对于提高葡萄产量和改善葡萄品质具有十分重要的指导意义。

第一节 葡萄必需的矿质营养元素

存在于葡萄组织中的元素种类较多，根据它们在体内的作用可分为 3 类，即必需营养元素、有益元素、有害元素。

一、必需元素

必需元素是植物生长发育必不可少的元素，缺乏该种元素，植物生长发育受阻，且表现出专一的病症，植物对该元素的需要是直接的，不能被其他元素代替。现已证明，植物必需元素有17种，除碳、氢、氧由大气中二氧化碳和水提供外，其他14种元素都需从土壤中摄取补充。根据植物正常生命活动对这些元素的需要量，又将其分为大量元素和微量元素。大量营养元素包括氮、磷、钾、钙、镁、硫；微量元素包括铁、锰、硼、铜、锌、钼、氯、镍。不同营养元素参与葡萄生命过程的作用有所不同，我们既要熟悉每种必需元素的生理作用，又要对各营养元素的生理功能予以全面衡量，这样才能更加科学合理地指导我们在生产中施肥。

1. 氮（N）

氮在植物生命活动过程中占据首要地位，堪称生命元素。它是植物体内蛋白质和核酸等重要化合物的成分，这些物质是植物生长发育和生命活动的基础，因此，氮与葡萄枝叶生长和产量形成关系密切。适量供氮使幼树枝叶繁茂，树体生长迅速，并促使成年树的芽眼分化和萌发。氮还是组成叶绿素的主要组分，氮素充足，则葡萄叶面深绿，叶面积增大，光合效能增强，养分积累增加，提高坐果率，对产量形成起重要作用。

2. 磷（P）

磷是葡萄体内的核酸、核蛋白、植素、磷酸腺苷和多种酶的组成成分。调节土壤中可吸收磷的含量，有助于细胞分裂，促进幼嫩枝叶、新根的形成和生长，促进花芽分化、花器官和果实发育，并促进授粉受精和种子成熟，增加产量，使果实中可溶性总糖含量增加，总酸度降低，提高浆果品质。磷能加速果实成熟，果实着色好，耐贮藏，改进葡萄酒的风味，磷还能提高葡萄的抗寒和抗旱能力。

3. 钾（K）

钾是葡萄多种酶的活化剂，在糖类与蛋白质代谢以及呼吸作用中具有重要功能，葡萄生长或形成器官时，都需要钾的存在；钾能促进原生质的水合度增加，增强葡萄抗寒、抗旱、耐高温和抗病虫能力；钾还能促进蛋白质合成、转运；增强输导组织的生理功能，对于加快肥水和光合产物向各器官的运输，增加产量，提高品质有重要意义。因此，合理使用钾肥在葡萄生产中具有特别重要的地位。

4. 钙（Ca）

钙的生理生化功能十分重要。钙在葡萄中与果胶酸形成果胶酸钙，构成细胞壁的胞间层，增强果实的贮运品质；钙能中和代谢过程中产生的有机酸，使草酸转为草酸钙，从而避免草酸的伤害；钙还能与钾、钠、镁、铁离子产生拮抗作用，以降低和消除这些离子过量引起的毒害作用；钙还具有调节葡萄体内 pH 值的功效，钙能中和土壤的酸度，对于硝化细菌、固氮菌及其他土壤微生物有很好的影响。钙在植物体内不易转移，难以被再次利用。

5. 铁（Fe）

铁主要集中于叶绿素中，直接或间接地参与叶绿体蛋白质的形成，是叶绿素形成和光合作用不可缺少的元素；铁能促进葡萄呼吸，加速生理氧化。铁在葡萄体内含量很少，多以高分子化合物存在，它在树体内不易转移，故铁不易被再度利用。

6. 镁（Mg）

镁是叶绿素的重要组成成分。镁促进糖类的转化以及脂肪和蛋白质的合成；对呼吸作用有重要作用；镁还能促进磷的吸收和运输，消除钙过剩的毒害；促进维生素 A 和维生素 C 的形成，提高果品品质。镁在葡萄体内属于容易移动的元素，再利用的程度较高，仅次于氮、磷、钾，镁与钾、钙之间有拮抗作用，施肥时应注意。

7. 锌（Zn）

锌在植物体内的含量较低，缺锌时生长素合成受阻，植株矮小，锌与植物的光合、呼吸以及糖类的合成、转运等过程有关，在植物体内物质水解、氧化还原过程和蛋白质合成中起作用，对植物体内某些酶具有一定的活化作用，参与叶绿素的形成。

8. 锰（Mn）

叶绿体中含锰较多，锰参与光合作用的光反应，锰还是维持叶绿体结构所必需的；锰是葡萄体内许多酶的活化剂，影响呼吸过程；适当浓度的锰能促进种子萌发和幼苗生长；锰促进氮素代谢，促进葡萄生长发育，提高树体抗病性。由于化合价的多变性，锰还是葡萄体内十分重要的氧化还原剂。

9. 硼（B）

硼在葡萄体内含量很低，主要分布在花的柱头和子房中。硼对葡萄根、枝条等器官的生长、幼小分生组织的发育以及葡萄的开花结实均有重要作用。硼能促进花粉萌发和花粉管生长，有利于授粉受精和坐果，提高坐果率，而且能改善浆果品质，加速新梢成熟。

二、有益元素

有些元素并非是葡萄的必需元素，但这些元素对葡萄的生长发育或对葡萄生长发育过程中的某些环节有积极的影响，这些元素被称为有益元素。常见的葡萄有益元素有钠、钴、硒、钒、钛、稀土元素等。

葡萄为非盐生植物，环境中钠盐过高时对葡萄生长造成盐胁迫。但在低钾环境中的葡萄，适量钠的存在，可在一定程度上缓解植物的缺钾症状。钴对葡萄的生长发育有重要调节作用。钴在葡萄体内的含量较低。钴是维生素 B_{12} 的成分，也是黄素激酶、葡萄磷酸变位酶、酸性磷酸酶、异柠檬酸脱氢酶、草酰乙酸脱羧酶等的激活剂。硒和钒虽然都不是植物的必需元素，但栽培实践表明，给植物施用适量的硒或钒可以促进作物的生长发育，并有增加作物产量或改善作物品质的作用。稀土元素是元素周期表中原子序数为57～71的镧系元素及其化学性质与镧系相近的钪和钇共 17 种元素的统称。土壤和植物体内普遍含有稀土元素。低浓度的稀土元素具有促进幼苗生长、提高产量、改进品质等功效。

三、有害元素

有些元素少量或过量存在时均对葡萄有不同程度的毒害作用，习惯上将这些元素称为有害元素。如重金属银、汞、铅、钨、锗、铝等。如铝能抑制植物生长，原因在于它可以在根区沉淀，从而干扰对铁、钙的吸收；同时铝还对磷代谢有严重的干扰，使吸收的磷不能及时转化为有机磷，而以无机磷的形式在根系中累积，阻止磷的正常运输等。

四、葡萄营养特性与需肥规律

1. 营养特性

葡萄树体中约有63.5％的氮集中于茎、叶，足够的氮能使树体枝叶繁茂；约66.6％的磷集中于茎、根，足够的磷有利于根系发育；约48.4％的钾集中于果实，钾的丰缺对果实产量、质量的影响极大；约56％的钙集中在茎、枝；50％的镁集中在主干。在对树体各部位主要营养元素含量分析的基础上得出葡萄全树含氮、磷、钾、钙、镁的比例是1∶0.59∶1.10∶1.36∶0.09，葡萄5种主要营养元素含量的顺序为钙＞钾＞氮＞磷＞镁，但生产中施肥要视具体情况区别对待，氮、磷、钾三要素的平衡施用依然是首要考虑的问题。

葡萄树体对钾元素敏感，是典型的喜钾果树，葡萄在生长发育过程中对钾的吸收量比一般果树都高，为梨树的1.7倍、苹果的2.25倍。氮、磷、钾三要素相比，果实中含钾量为氮的1.4倍，约为含磷量的3.5倍；葡萄叶片中的含钾量虽然仅相当于含氮量的75％，但却是含磷量的4倍多。因此，葡萄有“喜钾果树”或“钾质植物”之称。施肥时应特别注意增施钾肥。

葡萄需钙、镁、硼元素较多，特别是钙素在葡萄吸收的营养中占有重要比例，葡萄对钙的需求远高于苹果、梨、柑橘等，且对产量和品质影响较大。葡萄整个生育期直至果实完熟期都不断地吸收钙。

葡萄茎、叶中的钙不能向果实中移动，因此需全年供应，在施肥中绝不能忽视钙、镁的施用。钙和钾一样，在着色以后缺乏钙素，能使产量降低，果实糖度减少，所以生长后期供钙十分重要。镁也是葡萄不可缺少的营养素之一，但其吸收量只为氮素的1/5以下，大量施用钾肥易导致镁缺乏。葡萄是需硼量较高的果树，它对土壤中含硼量极为敏感，如不足就会发生缺硼症。

2. 需肥规律

葡萄在一年内的不同物候期对氮、磷、钾三要素的吸收量不同。开花期和浆果生长期葡萄体内含氮（N）、磷（P_2O_5）、钾（K_2O）养分最多。树体6月中旬前以异化作用为主，生长发育主要靠秋季贮存的营养。6月中旬后吸收氮量增加，7月初开始对磷、钾的吸收增加，8月上旬是吸收钾的高峰，8月中旬是吸收磷的高峰。因此，秋季施入足量的氮、磷、钾肥，果实膨大期再进行补充，对提高产量和质量尤为重要。

我国葡萄丰产园每生产1000kg葡萄吸收氮（N）7.5kg、磷（P_2O_5）4.2kg、钾（K_2O）8.3kg。在一般产量水平下，每亩葡萄植株每年从土壤中吸收氮（N）5～7kg、磷（P_2O_5）2.5～3.5kg、钾（K_2O）6～8kg、钙4.63kg、镁0.026kg，其相应比例为1∶(0.3～0.6)∶(1～1.4)∶1.19∶0.07。产量越高需钾量越高。

第二节 主要矿质营养元素生理功能和失调症

营养元素是构成葡萄果实的重要成分，也是影响果实产量和品质的重要因素之一。各种矿质营养的绝对含量以及它们之间的相互作用决定着果实可溶性固形物、维生素C、可滴定酸含量以及果个大小、果肉硬度、果形指数、着色程度、果实耐贮性等。不同矿质营养对葡萄果实产量和品质的影响不同。研究表明，同一元素在果实不同品质指标中所起的作用不同，其中镁、氮、硼对总糖量的影响最大；钾、锰、磷对可溶性固形物影响最大；铁、锌、磷影响总酸含量；钙、钾、锌对果实硬度影响最大；铁、硼、钙影响糖酸比；微量元素锌、铁、硼、锰在构成品质主要指标中同样起重要作用，尤其是铁，较大程度地影响品质总酸和糖酸比两项指标。

营养元素与产量和品质的关系在作物上研究较多，有关营养元素对葡萄产量和品质的影响报道较少，现有的报道主要集中于氮、钾、钙等元素。

一、主要矿质营养元素生理功能

1. 氮对葡萄产量和品质的影响

氮是植物体内氨基酸、蛋白质、核酸辅酶、叶绿素、激素、维生素、生物碱等主要有机含氮化合物的组成成分。因而，氮素对植株的生长和果实发育是不可缺少也不可替代的营养元素。研究表明，氮能提高果实生长率，使花期提前并推迟成熟，即有延长果实生长期的作用，同时也有报道表明，施用氮肥能提高葡萄产量、单果重和含糖量，但会降低果实硬度、含酸量，还会提高贮藏过程中的乙烯含量，促使果实软化加快。过量施氮会加重葡萄果实某些生理病害的发生，如褐腐病、黑痘病，同时也会延迟果实着色。在设施条件下的研究也表明，适量的氮素会使果个增大，平均单果重增加，可溶性固形物含量及酸度提高，但大量施氮会使果实着色变差，果实内在品质（维生素 C、可溶性固形物含量等）有所下降，还会使果实成熟期延后，部分抵消了设施栽培的促成效应。

2. 钾对葡萄产量和品质的影响

葡萄属喜钾果树，钾素不仅能促进葡萄体内糖类的合成、运输和转化；促进果实膨大和成熟，改善品质和耐贮性；还可提高其抗寒、抗旱、耐高温和抗病虫害的能力。因此，合理施用钾肥在葡萄生产中具有特别重要的地位。近年来，在我国南方和北方进行的许多试验都表明，合理增施钾肥可提高葡萄产量，促进浆果成熟，改善浆果品质。施用钾肥，可以增加浆果的含糖量，促进浆果上色和芳香物质的形成，提高酿酒葡萄的出酒率。田间调查还发现，增施钾肥不仅使葡萄果穗整齐，而且成熟期早、成熟度一致，适宜一次性集中采收。钾还可提高葡萄的抗病虫害能力，增施钾肥可以降低葡萄病株率，减少病果（水罐子病、炭疽病）发生率。

3. 钙对葡萄产量和品质的影响

葡萄中的钙对果实具有重要的生理功能，它不仅是果实中含有的一种大量营养元素，能调控果实代谢和发育，而且对提高葡萄果实的品质、增加贮藏性等也具有重要的意义。果实采前喷钙或采后浸钙能够很好地保持果实硬度，形成较好的外观品质，避免虫害、病菌的侵染而导致生理病害的发生，提高果实的商品品质。研究表明，果实补钙后，可使葡萄增产 8%～12%，葡萄含糖量提高1%～2%，色泽变好，病害率下降到 5%左右，明显控制了葡萄新梢和副梢生长，减少了叶面厚度，提高了枝条成熟的节位，减少了葡萄的落花、落果现象，并对裂果有控制作用。

4. 有益元素对葡萄产量和品质的影响

在葡萄上合理施用稀土微肥能刺激植株生长，促进扦插幼苗生根和根的伸长，增强根系活力，从而达到增加坐果率、提高产量的目的。此外，施用稀土微肥还可改善葡萄品质，增加果实维生素含量和优化糖酸比，并能促进果实早熟。

除上述元素外，适量施用一些新型微量元素，如钛、铬化物、钼化物等，都可以提高葡萄产量、改善果实品质或促使浆果提前成熟。因此，在大面积发展葡萄栽培的地区施用有益微量元素有特殊的经济意义。

二、主要矿质元素营养失调诊断

1. 土壤诊断

由于各地葡萄园土壤理化性状千差万别，因此只能提供葡萄园土壤诊断参考指标（表 1-1）。如果某种养分含量在中等以下时（低于临界值容易发生缺素症），就应及时补充。

表 1-1　土壤营养元素有效含量分级参考值

养分	很低	低	中等	高	很高	临界值
P/(mg/kg)	＜3	3～8	8～15	15～20	＞20	8
K/(mg/kg)	＜30	30～80	80～150	150～200	＞200	80
Cu/(mg/kg)	＜0.8	0.8～1.5	1.5～4.0	4.0～8.0	＞8.0	2
Zn/(mg/kg)	＜1.2	1.2～2.5	2.5～5.0	5.0～10	＞10	1.5
Mo/(mg/kg)	＜0.1	0.1～0.15	0.15～0.20	0.20～0.30	＞0.30	0.15
B/(mg/kg)	＜0.2	0.2～0.5	0.5～1.0	1.0～2.0	＞2.0	0.5
Mn/(mg/kg)	＜25	25～50	50～100	100～200	＞200	50
Fe/(mg/kg)	＜40	40～80	80～200	200～400	＞400	—
有机质/%	＜0.5	0.5～1.0	1.0～3.0	3.0～6.0	＞6.0	—

综合各地经验，要实现葡萄丰产优质，土壤须具备下列主要肥力指标：有机质含量 1%～2%，全氮含量 0.1%～0.2%，全磷含量 0.1% 以上，全钾含量 2.0% 以上，速效氮、磷、钾分别为 50mg/kg、10～30mg/kg、150～200mg/kg。

2. 叶片分析

生长发育期间的葡萄叶片能较及时准确地反映树体营养状况。分析叶片，不仅能查得直观症状，分析出多种营养元素不足或过剩，分辨两种不同元素引起的相似症状，且能在症状出现前及早测知。因此，借助叶分析可及时施入适宜的肥料种类和数量，以保证葡萄正常生长与结果。

在应用叶分析技术进行营养诊断时，叶内各元素含量的标准值是判断待测叶片中各元素含量是否盈亏、元素之间是否平衡的基础。标准值是指一个树种或品种的果树处于不同营养生理状态时叶内的矿质元素含量，包括它的正常值、低值、缺值、过高等浓度范围，作为营养诊断对比之用。葡萄叶片营养元素含量适宜值见表1-2。

表1-2 葡萄叶片营养元素含量适宜值 %

地区	N	P	K	Ca	Mg
全国平均值	1.30～3.90	0.14～0.41	0.45～1.30	1.27～3.19	0.23～1.08
北京	0.60～2.40	0.10～0.44	0.44～3.00	0.72～2.60	0.26～1.50
中国台湾	0.85～1.08	0.30～0.60	1.50～2.50	0.77～1.66	0.50～0.86

我国一般盛花后4周，在有一次果的果枝上取果穗上一节的叶柄，不同品种采样时期也不相同，对于欧洲种葡萄，在盛花期采第一穗花序节位上的叶柄或花后4周结果新梢中部的叶柄；对于美洲种葡萄和圆叶葡萄，盛花后4～8周取果穗上一节的叶柄。

把所诊断的葡萄园叶分析结果与适合当地的标准值进行比较，可以看出植株中每种元素的丰缺状况，然后根据土壤条件、施肥、灌水等因素综合分析，根据养分平衡原理提出施肥建议。

三、主要矿质元素营养失调症与防治措施

任何一种必需的矿质元素缺乏或过量都会引起葡萄特有的生理病症。如果某种矿质元素在病株体内的含量比正常的显著减少或明显增多，这种矿质元素可能就是植株致病的原因。植物必需的矿质元素种类很多，究竟植株可能缺乏或过量哪些矿质元素，应该分析哪些项目，可以根据病症来推测确定，并采取相应措施加以矫正。

1. 氮

葡萄缺氮的主要症状是新生叶片薄而小，老叶黄绿，或紫红色，新梢节间短，枝条生长短而细，停止生长早，皮层变为红褐色。花序生长不良，落花落果严重，花、芽及果均小。

葡萄树萌芽后的生长期氮肥施用过多还会出现氮素过多症状。主要表现为新梢较长、又粗，有徒长现象；叶片大而薄；梢尖比较长，叶片呈深绿色，出现严重落花现象；浆果果实成熟慢，呈深绿色，柔软，需要的水分很多，一旦遇到干旱就会出现缩果病。

对已发生缺氮的葡萄植株，应采取土壤补施速效氮肥和叶面喷施相结合的措施。用0.3%～0.5%尿素水溶液叶面喷施，间隔5～7天，连喷2～3次，肥效快而稳。

2. 磷

葡萄缺磷叶片变窄，颜色变成黑褐色，缺磷的叶片没有光泽。缺磷首先从植株下部的叶片开始变成紫色。缺磷阻碍核蛋白合成，阻碍组织的细胞扩张，枝条无法茂密生长。缺磷时新枝和毛细根的生长出现困难，阻碍植物的生长和品质，降低产量，开花期和成熟期晚。

缺钙或酸性土壤，土壤中的磷会被土壤所固定，植物不能正常吸收磷，最易缺乏磷。地温降低时微生物的活动会受到限制，根系吸收磷特性降低，暂时会出现缺乏磷的现象。土壤里缺乏有机质时土壤的物理结构会变得恶化，促进土壤酸化，阻碍微生物活动，促进磷的不溶性，葡萄也易出现缺磷症状。

磷过多也对葡萄植株正常生长不利。磷过多会影响铁和氮的吸收，葡萄叶片变黄或变白，阻碍同化作用，果实会过早成熟。缺乏磷会影响镁的吸收。锌、铜、铁、锰等必需元素和磷有拮抗作用。上述元素当中缺乏一个以上，会出现过剩磷的现象。

葡萄缺磷应采用土施和根外喷施相结合的方法矫治。土施磷肥可与有机肥混合后集中施于根际密集层。石灰性土壤宜选用过磷酸钙、重过磷酸钙等；酸性土壤可选用钙镁磷肥、磷矿粉等弱酸溶性或难溶性磷肥。根外追肥可用0.5%～1.0%过磷酸钙溶液或0.5%磷酸二氢钾，7～10天喷1次，连喷2～3次。

3. 钾

缺钾是葡萄最常见的营养失调症。葡萄需要较多的钾，总量接近氮的需要量。在生长季节初期缺钾，叶色浅，且幼嫩叶片的边缘出现坏死斑点，在干旱条件下，坏死斑分散在叶脉间组织上，叶缘变干，往上卷或往下卷，叶肉扭曲且表面不平。夏末新梢基部直接接受光的老叶，变成紫褐色或暗褐色，先从叶脉间开始，逐渐覆盖全叶的正面。特别是果穗过多的植株和靠近果穗的叶片，变褐现象尤为明显，因着色期的果粒成为钾汇集点，因而其他器官缺钾更为突出。严重缺钾的植株果穗少而小，穗粒紧，色泽不均匀，果粒小。无核白品种可见到果穗下部萎蔫，采收时果粒变成干果粒或不成熟。缺钾还会妨碍根系发育。

通常，缺乏有机质的土壤，除氮成分外，最容易流失的就是钾。特别是在沙质土壤或是缺乏有机质的土壤，会因下雨或灌溉流失许多钾，植物出现缺钾症状；当植株根系生长不良，毛细根发育不良，无法正常吸收而导致缺钾症状；持续出现干旱也会影响养分吸收，导致缺钾症状。

钾过剩的时候会造成果实表面粗糙，着色不良；虽然钾可能提高果实糖含量，但钾过量会造成裂果；钾过多会因为出现拮抗作用导致镁、锰、锌的缺乏，如在缺镁的时候即使施用镁成分也没有效果，就是因为钾拮抗的作用。同时，钾过量还会影响树体对氮和钙的吸收。

葡萄缺钾应土施和叶面喷施相结合。如土施硫酸钾 0.5～1.0kg/株或施草木灰 2～5kg/株。

4. 铁

葡萄缺铁时，叶的症状最初出现在迅速展开的幼叶，叶脉间黄化，叶呈青黄色，具绿色脉网，也包括很少的叶脉。缺铁严重时，更多的叶面变黄，最后呈象牙色，甚至白色。叶片严重褪绿部位常变褐色和坏死。严重受影响的新梢，生长减少，花穗和穗轴变浅黄色，坐果不良。当葡萄植株从暂时缺铁状态恢复为正常时，新梢生长亦转为绿色。较早失绿的老叶，色泽恢复比较缓慢。

缺铁症主要是由于土壤不良限制了根的吸收，而不是土壤铁含量不足。黏土、排水不良的土壤、冷凉的土壤较多出现缺铁症。春天冷凉、潮湿天气常遇到大量缺铁问题，晚春热流期间引起新梢快速生长也可诱发缺铁。缺铁与品种关系很大，康拜尔早生，白玫瑰香、皇家等品种易出现缺铁症。

葡萄缺铁可通过叶面喷施尿素铁、柠檬酸铁或 Fe-EDTA 矫治。

5. 硼

葡萄若硼不足，则限制花粉的萌发和花粉管正常的生长，减少坐果率；硼还能从植株的老叶移动到幼叶。因此，症状最早出现在幼嫩组织。葡萄缺硼时，叶、花、果实都会出现一定的症状。首先新梢顶端的幼叶出现淡黄色小斑点，随后连成一片，使叶脉间的组织变黄色，最后变褐色枯死。轻度缺硼的植株开花时花序大小和形状与正常植株无异；缺硼严重时，花序小，花蕾数少，开花时，花冠只有 1～2 片从基部开裂，向上弯曲，其他部分仍附在花萼上包住雄蕊。缺硼更严重时，花冠不裂开，而变成赤褐色，留在花蕾上，最后脱落，其花粉的发芽率显著低于健康植株，影响受精，引起落花。植株缺硼时，落花后约经一周，子房脱落多，坐果差，果穗稀疏；有的子房不脱落，成为不受精的无核小果粒。若在果粒增大期缺硼，果肉内部分裂组织枯死变褐；硬核期缺硼，果实周围维管束和果皮外壁枯死变褐，成为“石葡萄”。缺硼还会影响根系的生长。

强酸性土壤里的硼是可溶性的，降雨或灌溉容易造成硼流失，特别是在沙质土壤中硼会被严重流失。连续干旱会影响植株对硼的吸收。缺乏有机质的土壤会严重地流失硼。施用过多钙肥的土壤里硼是不溶性的，根系无法吸收，植株也易出现缺硼症状。

硼过剩同样不利于葡萄生长发育。硼过剩时自基部叶开始叶缘变褐色。顶部叶脉间变褐，叶向背面卷如“帽”状。

葡萄缺硼时，可用 0.1%～0.2%硼砂溶液叶面喷施，开花前和初花期连续喷施 2 次。土壤严重缺硼时，可结合秋施基肥土施硼砂或含硼肥料，成年树施硼砂 22.5～30kg/hm^2，施肥后注意观察后效，以防产生肥害。

6. 镁

葡萄较容易发生缺镁症。植株缺镁症状从植株基部的老叶开始发生，最初老叶叶脉间褪绿，继而叶脉间发展成带状黄化斑点，多从叶片的中央向叶缘发展，逐渐黄化，最后叶肉组织黄褐坏死，仅剩下叶脉仍保持绿色，黄褐坏死的叶肉与绿色的叶脉界限分明，形成绿色叶脉与黄色叶肉带相间的“虎叶”状。缺镁症一般在生长季初期症状不明显，从果实膨大期才开始出现症状并逐渐加重，尤其是坐果量过多的植株，果实尚未成熟便出现大量黄叶，病叶一般不早落。缺镁对果粒大小和产量的影响不明显，但浆果着色差，成熟期推迟，糖分低，果实品质明显降低。

酸性土壤中镁元素较易流失，所以缺镁症在中国南方的葡萄园发生较普遍。钾肥施用过多，或大量施用硝酸钠及石灰的果园，也会影响镁的吸收，常发生缺镁症。夏季大雨后，更为显著。

葡萄缺镁时，可叶面喷施1%～2%硫酸镁，间隔7～10天，连喷4～5次。当土壤pH在6.0以上时，每年可施硫酸镁450～750kg/hm^2。当土壤呈强酸性时，可施含镁石灰750～900kg/hm^2。

7. 锰

植物吸收离子态的锰（Mn^{2+}），它在植物体内较少流动。锰的功能是参与形成叶绿素，因此，叶片褪绿是缺锰的早期症状。缺锰症状表现为夏初新梢基部叶片变浅绿，接着叶脉间组织出现细小黄色斑点。斑点类似花叶症状。第一道叶脉和第二道叶脉两旁叶肉仍保留绿色。暴露在阳光下的叶片较荫蔽处叶片症状明显。进一步缺锰，会影响新梢、叶片、果粒的生长，果穗成熟晚，红色葡萄中夹生绿色果粒。缺锰症状主要发生于碱性土壤和沙土上。

缺锰症状应和缺锌、缺铁、缺镁区分。缺锌症状最初在新生长的枝叶上出现，包括叶变形。缺铁症状也出现在新生长的枝叶上，但引起更细的绿色叶脉网，衬以黄色的叶肉组织。缺锰和缺镁的症状，先在基部叶片出现，大量发生在第一道和第二道叶脉之间，发展成为较完整的黄色带。

锰过剩也不利于葡萄生长发育，锰过剩症状表现为基部叶的叶脉呈黑褐色，这种症状从下开始依次向上部叶发展。

在酸性土壤上果树缺锰时，土施或叶面喷施硫酸锰都会取得很好的效果。0.3%硫酸锰水溶液每隔 7～10 天喷 1 次，连续喷 3～4 次。在硫酸锰液中最好加少量石灰或石硫合剂效果更佳。在碱性土或石灰土壤上，土施硫酸锰效果较差，叶面喷施效果较好。

8. 锌

锌与植物生长激素、叶绿体和淀粉的形成，新梢节间的伸长，叶片正常的生长，花粉发育以及果粒的充分生长均有关系。缺锌的症状依缺乏程度和葡萄品种而异，在夏初副梢旺盛生长时，常见叶斑驳，新梢和副梢生长量少，叶梢弯曲，叶肉褪绿而叶脉浓绿，叶片基部裂片发育不良，无锯齿或少锯齿，叶柄洼浅，有些品种尚具有波状边缘。缺锌可严重影响坐果和果粒的正常生长，果穗往往生长散乱，果粒较正常少、大小不一。有核的葡萄，细小和不发育的果粒中种子数量少甚至没有，不发育的果粒保持坚硬、色绿、不成熟。白玫瑰香、绯红、红马加拉品种缺锌症状最严重，生长的果粒大小不一，果穗散乱是最早表现的症状，此类品种只在缺锌非常严重时才表现出叶部症状。有些品种如无核白、佳里酿、托凯等常有叶片和果粒的症状。沙瓦多尔品种表现中等程度的叶症状，但无果穗症状。

在自然界，锌存在于各种土壤中，但沙土含量较低。去掉表土的土壤常出现缺锌症状。由于大多数土壤能固定锌，所以葡萄植株虽然需锌很少（每亩约 37g），却难于从土壤中吸收。

葡萄缺锌时，可叶面喷施 0.3%～0.5%硫酸锌水溶液，或在石硫合剂中加入 0.1%～0.3%硫酸锌。一般间隔 10～15 天，喷 2～3次。

9. 钙

葡萄是最易缺钙的果树种类之一，葡萄缺钙时，叶片、枝条、根系的生长受障碍，会发生各种生理性病害。缺钙时葡萄叶呈淡绿色，幼叶叶脉间和边缘失绿，叶脉间有褐色斑点，接着叶缘焦枯，新梢顶端枯死。在叶片出现症状的同时，根部也出现枯死症状。缺钙时容易得日烧病，果实还会出现严重的裂果现象；果实膨大期缺钙会得卷叶病。

氮多、钾多明显地阻碍了对钙的吸收。空气湿度小，蒸发快，补水不足时易缺钙。降雨多的地区容易造成土壤钙的流失。连续施用酸性化肥时，化肥中的硫酸、盐酸、醋酸会促进土壤中钙的流失。有机质含量低的土壤吸附钙的特性下降，也会引起钙的严重流失。

葡萄发生缺钙时，在新生叶生长期可进行叶面喷施0.3%～0.5%硝酸钙或0.3%磷酸二氢钙，间隔5～7天，连喷2～3次。果实需钙量大，可在果实膨大期进行果实浸钙处理。若土壤酸度过大，应土施石灰质肥料，或将石灰与有机肥混施。对已缺钙严重的葡萄园，应同时控制氮、磷肥。

四、元素间的相互作用

葡萄所需要的各种营养元素，除碳、氢、氧来自空气和水以外，其余都来自土壤中。各种元素在树体内并不是孤立存在，而是存在着复杂的相互关系（图1-1）。即一种元素增加或减少会对其他一些元素产生影响，主要有3种表现形式。

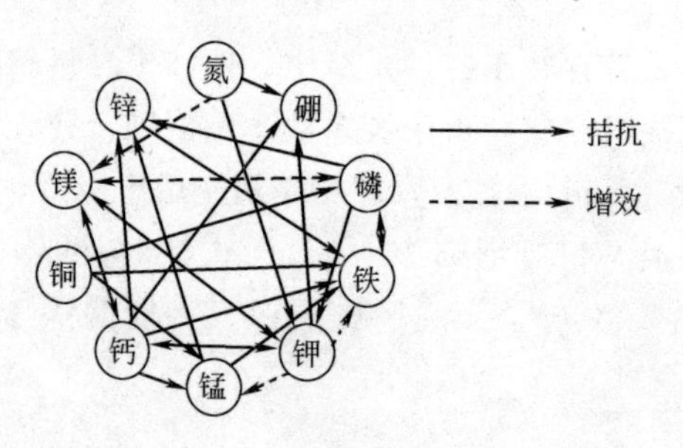

图1-1　元素相互作用图（杨庆山，2000）

1. 增效或协同作用

当某一元素进入植株体内，会使另一种元素或多种元素随之增加；或土壤中某一元素的存在，促进某一元素或多种元素被根系吸收。如适量的镁可促进磷的吸收和同化，或树体内适量氮素可促进镁的吸收，或适量锰素可提高植物对硝酸盐和铵盐的利用，因为锰是硝酸盐的还原剂，又是铵盐的氧化剂。钾可以促进氮的吸收，对氮的代谢产生直接影响。适量的镁，可促进磷的吸收和同化。铁和碳的整合剂可为植物所吸收等。阴离子对阳离子的吸收一般都具有协同作用，如氮肥与钾肥配合施用，这是因为磷能促进作物体内糖类的运输，有利于氨基酸的合成，然后氨基酸进一步合成蛋白质。总之，了解营养元素之间的相互作用，并在农业生产中加以应用，通过合理施肥的措施，充分利用离子间的协同作用，避免出现拮抗作用，就能达到增产的目的。

2. 拮抗作用

当某一元素增加会妨碍、减少其他一些元素吸收，造成树体营养失衡，如氮与钾、硼、铜、锌、磷等，若施氮过多，抑制钾、磷吸收，新梢过旺，落果严重，果粒着色差，含糖量低，发病率高。同样，磷过量会抑制氮的吸收，并引起锌、铁、铜等缺素症。钾过多，氮吸收受阻碍，并易出现缺镁症。元素间的拮抗作用比较普遍，也比较复杂。植物根系吸收矿质元素，是由细胞膜的渗透性完成的，与元素离子性质（正、负）、离子价和它在土壤溶液中的浓度有关。如氮与钾、硼、铜、锌、磷等元素间存有拮抗作用，葡萄施氮过多，会抑制钾、磷吸收，新梢徒长，落果严重，果实着色差，含糖率低，发病率高，这就是元素间拮抗造成树体营养失衡所致。同样，磷酸过剩会抑制氮的吸收，还能引起锌、铁、铜等的不足症。钾过剩，氮吸收受阻，并易出现缺镁症、缺钙症等。例如，在酸性土壤上氮肥施用不宜过多，否则作物吸收钙离子就困难。在缺钾的沙性土上，氮肥与钾肥应配合施用，但钾肥施用一次不能过多，因为钾离子对钙、镁和铵的吸收也会产生拮抗作用。钾施多了，会引起植物缺钙、缺镁。此外，硝酸根离子与磷酸根离子之间的拮抗作用在生产上也是存在的。因此，施用硝态氮肥时，应重视增施磷肥。作物缺磷时，由于过量施用氮肥而诱发作物缺锌也是拮抗作用的典型例证。

3. 相互相似作用

几种元素都能对某一代谢过程或代谢过程的其中一部分起同样的作用，一元素缺少，还可部分地被另一元素所代替。

葡萄所必需的营养元素在树体内不论数量多少，都同等重要，任何一种必需元素的缺乏，都会出现生理病害，影响树体的正常生长发育，如缺铁导致黄叶病，缺锌导致小叶病等。只有提高这种元素的含量，或设法协调元素之间的浓度比例，才能将产量或品质提高到一个新的水平。任何一种营养元素的特殊功能都是不能被其他元素所替代的。另外，影响树体的最小养分不是固定不变的，而是随条件变化而变化的。当这种最少养分得到补充和满足之后，葡萄产量提高，品质得到改进。此时的最小养分也为其他养分所取代。因此，要经常做好调整工作，多施有机肥是保持植物营养元素平衡的关键。

第三节　葡萄各器官对矿质营养元素的吸收

葡萄养分的供给方法有很多，从葡萄本身吸收和利用养分的途径来看，吸收总量与种类最多的途径仍是以根系吸收为主，有时为减轻土壤中某元素的持续污染或固定程度，如施氮肥引起的硝酸和亚硝酸盐污染、施用的铁元素被碱性土壤固定等，采取叶面追施、木质部导入、枝条表皮涂抹及其他途径供肥。

一、根系对矿质营养元素的吸收

土壤中存在的大部分无机养分，如氮、磷、钾、钙、镁、铁、锌、铜等，都可由根系吸收。葡萄生长发育所需的大部分种类与数量的养分都由根系从土壤中吸收。根系从土壤中吸收的养分，一部分满足根系自身生长所需，绝大部分随水分向地上部分转移，通过各输导组织的木质部导管输送到枝、叶、花、果实中去。各器官因所处生长发育的阶段不同，要求根系吸收养分的种类和数量也不尽相同。根系依据各器官不同阶段的需求，选择性地吸收不同种类和数量的养分供给这些器官，但这种选择不是绝对意义上的选择，主要由地上部分器官质的差别而引起。土壤中各种养分比例平衡时，根系可良好地完成吸收任务，一旦某些元素缺乏或过剩，根系就无法从量的意义上加以选择。

二、叶片对矿质营养元素的吸收

叶片虽然是进行光合作用、制造有机养分的重要器官，但它的叶面气孔和角质层也有较强吸收养分的功能。从叶片表面结构来看，叶片正面和背面均有气孔和角质层结构，但叶背面有较多的气孔，而且表皮层下面具有较疏松的海绵组织，细胞之间的间距较大，有利于养分和代谢物进出。因此，叶背面较其正面有更强的吸收功能。从叶片叶龄角度分析，低龄幼叶的生理代谢功能旺盛，气孔所占比例较大，细胞间隙相对较大，因而易于养分进入。而老叶片中部分表皮及输导组织枯死，角质层较厚且木栓化严重，代谢功能退化等衰老因素，导致多数养分不能大量有效地吸收和转移。从叶片生长的各个阶段分析，均可进行叶面追肥，但以叶片迅速生长至开始衰老前的时间区间内吸收功能最强。过分幼嫩的叶片，由于叶面积较小且表面不舒展，因而吸收养分的绝对数量少。过分衰老的叶片中，由于内部输导组织局部功能丧失及代谢功能低下，也影响养分绝对数量的吸收和转移。

三、新梢、果皮等对矿质营养元素的吸收

新梢、果皮、不带粗皮与死皮的低龄骨干枝、刮去粗皮及死树皮的枝干及其他绿色组织的表皮，因也有着与叶片相似的皮孔组织及细胞间隙，对各种营养物质同样有较强的吸收能力。从吸收强度

和养分运转速度方面比较，低龄组织的表皮吸收功能要强于老龄者；生长季节的吸收及转移速度要大于非生长季节。目前，这种养分吸收方式的应用范围日益广泛。例如，早春和生长季枝干喷施（或涂抹）锌，另有一些元素如钙、硒、镁等也可试用此法。其中茎干涂抹一般持效时间较长，可减少叶面喷施的次数，对于一些施入土壤易被固定的元素可优先考虑此类方法。

第四节　葡萄适宜的土壤环境

一、土壤环境

土壤是葡萄栽培的基础。葡萄生长发育需要从土壤中吸收水分和养分，以保证其正常的生理活动。因此，土壤的基本物理性质和化学性质如土壤质地、土壤结构、土层厚度、土壤酸碱度、土壤养分含量、土壤水分和热量的运移传导等，都对葡萄的根系以及地上部分的生长发育具有重要的影响。

良好的葡萄园土壤应具有下列特征：具有深厚熟化的耕层；养分含量较丰富；具有良好的土壤物理性质；容重降低，土壤中的大孔隙（非毛管孔隙）明显增加，土壤的水、气关系比较协调；供肥保肥能力较强；土壤的生物活性较强；土壤障碍因素少；无次生盐渍化危害，不受干旱和洪涝胁迫。

葡萄可以生长在各种各样的土壤上，如沙荒、河滩、盐碱地和山石坡地等，但是不同的土壤条件对葡萄的生长和结果有不同的影响。同样的葡萄品种，在同样的气候条件下，因为土质的关系可以表现出完全不同的风味。葡萄对土壤的适应性很强，除含盐量较高的盐土外，在各种土壤上都可正常生长，在半风化的含沙砾较多的粗骨土上也可正常生长，并可获得较高的产量。虽然葡萄的适应性较强，但不同品种对土壤酸碱度的适应能力有明显的差异：一般欧洲种在石灰性的土壤上生长较好，根系发达，果实含糖量高、风味好，在酸性土壤上长势较差；而美洲种和欧美杂交种则较适应酸性土壤，在石灰性土壤上的长势就略差。此外，山坡地由于通风透光，往往较平原地区的葡萄高产、品质也好。

1. 成土母岩及心土

在石灰岩生成的土壤或心土富含石灰质的土壤上，葡萄根系发育强大，糖分积累和芳香物质发育较多，土壤的钙质对葡萄酒的品质有良好的影响。但土层较薄且其下常有成片的砾石层，容易造成漏水漏肥。

2. 土层厚度和机械组成

土层厚度（即从表土至成土母岩之间的厚度）越大，则葡萄根系吸收养分的体积越大，土壤积累水分的能力越强。葡萄园的土层厚度一般以 80～100cm 以上为宜。

土壤的机械组成，影响土壤的结构和水、气、热状况。沙质土壤的通透性强，夏季辐射强，土壤温差大，葡萄的含糖量高，风味好，但土壤有机质缺乏，保水保肥力差；黏土的通透性差，易板结，葡萄根系浅，生产弱，结果差，有时产量虽高但质量差，一般应避免在重黏土上种植葡萄。在砾石土壤上可以种植优质的葡萄，经过改良后，葡萄生长很好。

3. 地下水位

在湿润的土壤上葡萄生长和结果良好。地下水位高低对土壤湿度有影响，地下水位很低的土壤蓄水能力较差；地下水位高、离地面很近的土壤，不适合种植葡萄。比较适合的地下水位应在 1.5～2m 以下。在排水良好的情况下，在地下水位离地面 0.7～1m 的土壤上，葡萄也能良好生长和结果。

4. 土壤结构及土壤通气状况

土壤结构及土壤通气状况与土壤含水量密切相关，而土壤通气性好坏直接影响着根系的活动和吸收。沙壤土和粗沙土通气状况良好，土壤中含氧量较高，根系发育正常；黏土则通气状况不良，土壤含氧量低，影响根系的呼吸和吸收，地上枝蔓生长也不好。在同期不良的土壤上，好气微生物的活动受到影响，树体容易出现缺素症状，严重时还可能导致早期落叶甚至整株死亡。一般情况下，土壤含氧量在12%以上时，根系才能进行正常活动并形成新根。因此，对结构不良、质地黏重、通气状况不良、地下水位过高或地表容易积水的土壤，在建园前都必须进行改良。

5. 土壤化学成分

土壤化学成分对葡萄植株营养有很大意义。由植物残体分解形成的土壤有机物质可促进形成良好的土壤结构，并是植物氮素供应的主要来源，由于化学成分的不同，土壤具有不同的酸碱度。土壤有机质和养分的分解矿化都与土壤酸碱性密切相关。葡萄对pH5.1～8.5的土壤都能适应，但生长势不同。一般在pH6～6.5的微酸性环境中，葡萄的生长结果较好。在酸性过大（pH接近4）的土壤中，生长显著不良，在比较强的碱性土壤（pH8.3～8.7）上，开始出现黄叶病。因此，酸度过大或过小的土壤需要改良后才能种植葡萄。土壤中的矿物质，主要是氮、磷、钾、钙、镁、铁及硼、锌、锰等，均是葡萄的重要营养元素，这些元素以无机盐的形态存在于土壤溶液中时才能为根系吸收利用。此外，在土壤溶液中还存在一些对植物有害的盐分，包括碳酸钠、硫酸钠、氯化钠及氯化镁等，这些盐分积累的多少不同，而决定土壤盐碱化的程度。土壤总盐分在1.4～2.9g/kg均能正常生长，但盐分超过3.2～4.0g/kg时，表现受害症状。

二、无公害栽培葡萄园土壤环境质量

近年来，由于大量的污染物向土壤倾倒和堆放，空气和水中的污染物最终也进入土壤，造成了局部地方的土壤被严重污染。当土壤中有害物质含量过多，超过土壤的自净能力时，有害物质一方面就会在土壤中积累，另一方面被作物吸收，抑制作物生产，影响农产品质量，最终通过食物链作用，影响到养殖业和畜牧业，为害人类身体健康。

土壤污染有 3 大类，一是有机物质的污染（主要来自城市垃圾、食物工业的废弃物）；二是病原微生物和病毒物质的污染（主要来自生活污水、粪便等）；三是有毒化学物质的污染。对农作物来说，有毒化学物质的污染最为严重。而有毒化学物质对土壤的污染中以重金属污染和农药污染最为突出。目前，学术界比较肯定的能通过食物链对人体产生严重为害的元素有汞、铬、镉、铅、砷等重金属及类重金属元素。

汞主要来源于煤和其他石化燃料。据估计，全世界每年约有 1600 多吨的汞是通过煤和其他石化燃料而释放到环境中来的，成了重要的汞污染源。汞常伴生于铜、铅、锌等有色金属的硫化物矿床中。在这些金属冶炼过程中，汞大部分通过挥发作用进入废气中。其他工业如仪表、电气工业、造纸工业等汞蒸气和含汞废水污染也相对较为严重。

镉主要来源于铅、锌、铜的矿山和冻炼厂的废水、尘埃和废渣，以及电镀、电池、颜料稳定剂、涂料工业的废水等。农业上，施用肥料如磷肥、含锌肥料等也可能带来镉的污染。

铅主要来源于铅矿开采、冶铁、加工等工艺，特别是铅冶铁是土壤铅污染的主要污染源。汽油燃烧时排放的含铅废水是铅的另一大污染源。其他如铅蓄电池厂的废水等铅应用工业的“三废”也是污染源。农业中主要是施用含铅较高的污泥和垃圾。

铬主要来源于工业的“三废”排放，如铁铬工业、耐火材料、煤的燃烧、电镀、金属酸洗、皮革鞣制等。此外，城市消费和生活方面以及施用化肥等也是环境中铬的可能来源。据测定，我国钙镁磷肥平均含铬 1000～1800mg/kg，矿渣磷肥可高达 3328～5144mg/kg。

砷主要来源于工业污染，工业上排放砷的主要有化工、冶金、炼焦、火力发电、造纸、玻璃、皮革、电子工业等。农业中主要是一些含砷农药。

铜的污染源主要是铜冶炼厂和铜矿开采以及镀铜工业的“三

废”排放。此外，过量施用铜肥和含铜农药，也是造成土壤铜污染的重要污染来源。

根据中华人民共和国农业行业标准 NY 5087—2002《无公害食品 鲜食葡萄产地环境条件》中关于产地土壤环境质量的要求，无公害鲜食葡萄产地的土壤环境质量应符合表 1-3 的规定。

表 1-3 无公害鲜食葡萄产地土壤环境质量要求 mg/L

项目	浓度限值		
	pH＜6.5	pH 为 6.5～7.5	pH＞7.5
总镉	≤0.30	≤0.30	≤0.60
总汞	≤0.30	≤0.50	≤1.0
总砷	≤40	≤30	≤25
总铅	≤250	≤300	≤350
总铬	≤150	≤200	≤250
总铜	—	≤400	—

注：表内所列含量限值适用于阳离子交换量＞5cmol/kg 的土壤；若≤5cmol/kg，其含量限值为表内数值的半数。

第二章

肥料种类

肥料是以提供植物养分为其主要功效的物料。它分为有机肥料、无机肥料和生物肥料（菌肥）。有机肥料主要有粪肥、绿肥、厩肥、堆肥、沤肥、沼气肥、作物秸秆肥、泥肥、饼肥等农家肥料以及商品有机肥等。这些肥料含有氮、磷、钾等多种矿物质和蛋白质、脂肪、糖类等有机物质，肥效较好而持久，但施用后见效较慢，所以又称为迟效肥料。无机肥料又称化学肥料，这类肥料的特点是所含营养成分比较单纯，大多数是一种化肥，仅含1～2种肥分，施入后易被分解，很快见效，因此又称其为速效肥料，包括氮肥、磷肥、钾肥和钙肥等。生物肥料（微生物肥料）的种类较多，按照制品中特定的微生物种类可分为细菌肥料（如根瘤菌肥、固氮菌肥）、放线菌肥料（如抗生菌肥料）、真菌肥料（如菌根真菌）；按其作用机制分为根瘤菌肥料、固氮菌肥料（自生或联合共生类）、解磷菌类肥料、硅酸盐菌类肥料；按其制品内含分为单一的微生物肥料和复合（或复混）微生物肥料。复合微生物肥料又有菌－菌复合，也有菌和各种添加剂复合的。

第一节　有机肥料

有机肥料是农村中利用人畜粪便、禽粪、柴草、秸秆等有机物质就地取材、就地积存的肥料。有机肥料种类多、来源广、养分含量全面，是果园使用的基本肥料。

有机肥料大多含有丰富的有机质、腐殖质及果树所需的各种大量元素和微量元素，为完全肥料。但由于其许多养分以有机态存在，要经过微生物发酵分解，才能为果树吸收利用。其营养释放缓慢，肥效持久。与国外相比，我国果园土壤中有机质含量严重不足，增加有机肥施用，不仅能供给果树各种元素，还能改良土壤，增肥地力。

一、有机肥料的特点

1. 提供作物所需养分

有机肥料富含作物生长所需养分，能源源不断地供给作物生长。提供养分是有机肥料的最基本特征，也是其最主要的作用。同化肥比较，有机肥料有以下显著特征：

（1）养分全面　不仅含有作物所需要的16种营养元素，还含有其他有益于作物生长的元素，可全面促进作物生长。

（2）养分释放均匀长久　有机肥所含的养分多以有机态形式存在，通过微生物分解转变为作物可利用的形态，可缓慢释放，长久供应作物养分，比较而言化肥所含养分多为速效养分，施入土壤后肥效快但有效供应时间短。

（3）养分含量低　使用时应配合化肥，以满足作物旺盛生长期对养分的大量需求。

2. 改良土壤结构，增强土壤肥力

（1）提高土壤有机质含量，更新土壤腐殖质组成，培肥土壤

施入土壤的有机肥料，在微生物作用下，分解转化成简单的化合物，同时经过生物化学的作用又重新组合成新的、更为复杂的、比较稳定的土壤特有大分子高聚有机化合物，即腐殖质，腐殖质是土壤中稳定的有机质，对土壤肥力有重要作用。

（2）改善土壤物理性状　施用有机肥能够降低土壤的容重，改善土壤通气状况，使耕性变好，有机质的保水能力强，比热容较大，导热性小，较易吸热，调温性好。

（3）增加土壤保水保肥能力，为植物生长创造良好的土壤环境。

3. 提高土壤的生物活性，刺激作物生长

有机肥料是微生物取得能量和养分的主要来源，施用有机肥料，有利于土壤微生物活动，促进作物生长发育。微生物的代谢产物不仅是氮、磷、钾等无机养分，还含有多种氨基酸、维生素、激素等物质，可为植物生长发育带来巨大的影响。

4. 提高解毒作用，净化土壤环境

有机肥料能够提高土壤阳离子的代换量，增加对重金属的吸附，有效地减轻了重金属离子对作物的毒害，并阻止其进入植株中。

二、有机肥料的来源及养分含量

有机肥的来源很广，但主要有人粪尿、畜禽粪便、作物秸秆和绿肥等几方面。

有机肥中养分含量差异很大，根据全国有机肥品质调查，平均养分含量见表2-1。

表2-1　主要有机肥种类及养分含量　　%

种类	名称	风干基			鲜基		
		N	P_2O_5	K_2O	N	P_2O_5	K_2O
粪尿类	人粪	56.357	2.84	1.78	1.159	0.60	0.36
	人尿	24.591	3.68	6.98	0.526	0.09	0.16

续表

种类	名称	风干基			鲜基		
		N	P_2O_5	K_2O	N	P_2O_5	K_2O
粪尿类	猪粪	2.09	1.87	1.30	0.547	0.56	0.35
	猪尿	12.126	3.49	12.81	0.166	0.05	0.19
	猪粪尿	3.773	2.51	2.99	0.238	0.17	0.21
	马粪	1.347	0.99	1.50	0.437	0.31	0.46
	马粪尿	2.552	0.96	3.38	0.378	0.18	0.69
	牛粪	1.56	0.87	1.08	0.383	0.22	0.28
	牛尿	10.30	1.47	22.65	0.501	0.04	1.09
	牛粪尿	2.462	1.29	3.47	0.351	0.19	0.51
	羊粪	2.317	1.05	1.54	1.014	0.49	0.64
	兔粪	2.115	1.55	2.05	0.874	0.68	0.78
	鸡粪	2.137	2.01	1.83	1.032	0.95	0.86
	鸭粪	1.642	1.80	1.51	0.714	0.83	0.66
	鹅粪	1.599	1.39	1.98	0.536	0.49	0.62
	蛋沙	2.331	0.69	2.27	1.184	0.35	1.17
堆沤肥类	堆肥	0.636	0.49	1.26	0.347	0.25	0.48
	沤肥	0.635	0.57	1.76	0.296	0.28	0.23
	凼肥	0.386	0.43	2.41	0.23	0.22	0.93
	猪圈粪	0.958	1.01	1.14	0.376	0.35	0.36
	马厩肥	1.07	0.74	1.40	0.454	0.31	0.61
	牛栏粪	1.299	0.74	2.18	0.50	0.30	0.86
	羊圈粪	1.262	0.62	1.60	0.782	0.35	0.89
	土粪	0.375	0.46	1.61	0.146	0.27	0.10
秸秆类	水稻秸秆	0.826	0.27	2.05	0.302	0.10	0.80
	小麦秸秆	0.617	0.16	1.22	0.314	0.09	0.78
	大麦秸秆	0.509	0.17	1.52	0.157	0.09	0.66
	玉米秸秆	0.869	0.30	1.33	0.298	0.10	0.46

续表

种类	名称	风干基			鲜基		
		N	P_2O_5	K_2O	N	P_2O_5	K_2O
粪尿类	大豆秸秆	1.633	0.39	1.27	0.577	0.14	0.44
	油菜秸秆	0.816	0.32	2.23	0.266	0.09	0.73
	花生秸秆	1.658	0.34	1.19	0.572	0.13	0.43
	马铃薯藤	2.403	0.57	4.30	0.31	0.07	0.55
	红薯藤	2.131	0.59	3.30	0.35	0.10	0.58
	烟草秆	1.295	0.35	1.99	0.368	0.09	0.54
	胡豆秆	2.215	0.47	1.76	0.482	0.12	0.36
	甘蔗茎叶	1.001	0.29	1.21	0.359	0.11	0.45
绿肥类	紫云英	3.085	0.69	2.48	0.391	0.10	0.32
	苕子	3.047	0.66	2.57	0.632	0.14	0.53
	草木樨	1.375	0.33	1.36	0.26	0.08	0.53
	豌豆	2.47	0.55	2.06	0.614	0.14	0.51
	箭舌豌豆	1.846	0.43	1.54	0.652	0.16	0.57
	蚕豆	2.392	0.62	1.70	0.473	0.11	0.37
	萝卜菜	2.233	0.79	2.96	0.366	0.13	0.50
	紫穗槐	2.706	0.62	1.53	0.903	0.21	0.55
	三叶草	2.836	0.67	3.05	0.643	0.14	0.71
	满江红	2.901	0.82	2.74	0.233	0.07	0.21
	水花生	2.505	0.66	6.01	0.342	0.09	0.86
	水葫芦	2.301	0.98	4.63	0.214	0.08	0.44
	紫茎泽兰	1.541	0.57	2.78	0.39	0.14	0.70
	篙枝	2.522	0.72	3.65	0.644	0.22	0.97
	黄荆	2.558	0.69	2.02	0.878	0.23	0.69
	马桑	1.896	0.44	1.01	0.653	0.15	0.34
	山青	2.334	0.61	2.23	0.00	0.00	0.00
	茅草	0.749	0.25	0.91	0.385	0.12	0.46
	松毛	0.924	0.22	0.54	0.407	0.10	0.23

续表

种类	名称	风干基			鲜基		
		N	P_2O_5	K_2O	N	P_2O_5	K_2O
饼肥	豆饼	6.684	1.01	1.42	4.838	1.19	1.61
	菜籽饼	5.25	1.83	1.25	5.195	1.95	1.34
	花生饼	6.915	1.25	1.15	4.123	0.84	0.96
	芝麻饼	5.079	1.67	0.68	4.969	2.39	0.93
	茶籽饼	2.926	1.12	1.46	1.225	0.46	1.01
	棉籽饼	4.293	1.24	0.91	5.514	2.21	1.49
	酒渣	2.867	0.76	0.42	0.714	0.21	0.12
	木薯渣	0.475	0.12	0.30	0.106	0.03	0.06
其他	泥肥	0.239	0.57	1.94	0.183	0.23	1.84
	肥土	0.555	0.33	1.72	0.207	0.23	1.00
	海肥类	2.513	1.33	1.83	1.178	0.76	0.48
	农用废渣液	0.882	0.80	1.36	0.317	0.40	0.95
	城市垃圾	0.319	0.40	1.61	0.275	0.27	1.29
	腐植酸类	0.956	0.53	1.32	0.438	0.24	0.73
	褐煤	0.876	0.32	1.14	0.366	0.09	0.62
	沼气肥	6.231	2.67	5.35	0.283	0.26	0.16
	沼渣	12.924	4.19	11.86	0.109	0.04	0.11
	沼液	1.866	1.73	1.00	0.499	0.49	0.24

三、有机肥料的鉴别

1. 看外包装标识

是否规范标识了肥料产品名称、氮磷钾总养分含量、有机质含量、执行标准号、肥料登记证号、生产厂家、生产地址、联系电话、使用方法、生产日期、净重等。可首先通过外包装标注的以上几项是否齐全来辨别该肥料产品是否为规范、合法的肥料产品。

2. 看外观

有机肥料一般为褐色或灰褐色，粒状或粉状，无木棍、砖石瓦块等机械杂质，质量较好的有机肥颗粒均匀，粉末疏松。

3. 闻味道

开袋后有明显恶臭且带酸味的，说明发酵不充分，产品不合格。合格的产品应发酵充分、无臭味和酸味。

4. 看水分

用手抓一把肥料握紧后松开，肥料应该不结块，有明显膨胀弹性，如果松开后肥料成团，说明水分含量明显超标。还要观察是否发霉，有机肥料的水分含量一般比其他肥料要高，但一些劣质的有机肥料由于水分太高而使得产品发霉，因此，在选购有机肥产品时不要选购已发霉的产品。

有机肥料是一种比较易于加工、制作的肥料，因此有一部分规模较小的企业进行手工作坊式生产，这样的有机肥料产品质量难以得到保证。应尽量选择规模比较大、信誉比较好的生产厂家的产品。

四、有机肥料的施用

1. 施用方法

有机肥料可以作基肥也可以作追肥。由于有机肥肥效长，养分释放缓慢，一般应作基肥施用，结合深耕施入土层中，有利于改良和培肥土壤。

2. 施用量

有机肥施用要适量，应根据土壤肥力、作物类型和目标产量确定合理的用量，一般每亩用量为300～500kg。有机肥养分含量低，在含有多种营养元素的同时还含有多种重金属元素，过量施用也会产生危害，主要表现为烧苗、土壤养分不平衡、重金属等有害物质积累污染土壤和地下水等，也会影响农产品品质。

在使用有机肥料时注意，无论采用何种原料制作堆肥，必须经高温发酵腐熟，以杀灭各种寄生虫卵和病原菌、杂草种子，以达到无害化卫生标准。没有完全腐熟的肥料施入土壤中，不但会出现“烧”根现象，严重时导致树体死亡，而且影响肥效的充分发挥。

3. 有机、无机合理搭配施用

有机肥与化肥之间以及有机肥料品种之间应合理搭配，才能充分发挥肥料的缓效与速效结合的优点。有机肥料中虽然养分含量较全，但含量低，而且肥效慢，与速效性的化肥配合施用，可以互为补充，使作物整个生育期有足够的养分供应，而不会产生前期营养供应不足或后期脱肥现象。

五、有机肥料的贮存

有机肥料应贮存于场地平整、阴凉、通风、干燥的仓库内，防止霉变受潮。在运输过程中应防潮、防晒、防破裂。

第二节　无机肥料

化学肥料又叫商品肥料或无机肥料。与有机肥料相比，其特点是：成分单一，养分含量高，肥效快，一般不含有机质并具有一定的酸碱反应，贮运和使用都很方便。化学肥料种类很多，可根据其所含养分、作用、肥效快慢、对土壤溶液反应的影响等来进行分类。

按其所含养分可划分为氮肥、磷肥、钾肥和微量元素肥料。其中，只含有一种有效养分的肥料称为单元（质）化肥，同时含有氮、磷、钾三要素中两种或两种以上元素的肥料，称为复合化学肥料。

从化学肥料的肥效快慢可分为速效、缓效、迟效三种类型。速效化学肥料易溶于水，施用后能很快被植物利用，如硫酸铵、硝酸铵、尿素、过磷酸钙、硫酸钾等。缓效化学肥料施入土壤后，须在适当条件下经分解转化才能被植物吸收利用，如石灰氮等。迟效化学肥料施用后，须经较长时间的转化才能为植物所用，但这类肥料肥效持久，不易流失，如磷矿粉、石膏等。

根据作物对有效成分的吸收及残留成分对土壤溶液酸碱度的影响，可将化肥分为生理酸性肥料、生理中性肥料和生理碱性肥料。

根据化肥溶液的反应性质可分为化学酸性肥料、化学中性肥料和化学碱性肥料。

将化肥进行分类，有助于我们从不同的角度全面认识肥料，更好地发挥其作用。如硫酸铵是直接的、速效的、化学中性和生理酸性的单元氮肥，过磷酸钙为直接的、速效的、化学酸性的单元磷肥。

一、氮肥

化学氮肥品种很多，按其特性大致可分为铵态氮肥、硝态氮肥、硝一铵态氮肥、酰胺态氮肥四大类。

铵态氮肥是以铵（NH_4^+）离子形态存在的氮肥，如硫酸铵、碳酸氢铵、氨水等，其共同特点是易溶于水，肥效快，易被作物吸收，遇碱性物质如草木灰、石灰等容易分解挥发，造成氮素损失。施入土壤后易被土壤胶粒与腐殖质等吸附，不易流失；硝态氮肥是以硝酸盐（NO_3^-）形态存在的氮肥，如硝酸铵、硝酸钠等，它们的共同特点是易溶于水，肥效快，施入土壤后，不易被土壤黏粒等吸附，极易流失，因此施后不能灌大水；酰胺态氮肥如尿素等，氮素呈氨基态存在，大部分氮素要经土壤微生物作用转化为铵态氮后才能被果树吸收，肥效稍迟。常用氮肥有：

1. 碳酸氢铵

（1）基本性质　含氮 17%，化学分子式是 NH_4HCO_3，为白色粉末，易溶于水，为速效氮肥，水溶液呈碱性，是化学碱性肥料。碳酸氢铵施入土壤后分解释放的二氧化碳气有助于碳素同化作用，是一种较好的肥料。碳酸氢铵不稳定，在高温和潮湿空气中极易分解，挥发散失氮素，应在干燥阴凉处贮存，用时有计划地开袋，随用随开。

(2) 施肥方式及注意事项　碳酸氢铵适于各种土壤，可作追肥或基肥，可沟施或穴施。旱地施用必须深施盖土，随施随盖，及时浇水，这是充分发挥碳酸氢铵肥效的重要环节，在石灰性、碱性土上尤应注意。碳酸氢铵不能与碱性肥料混合施用，干施时不能与潮湿叶面接触，以免叶片灼伤受害，也不能在烈日当头的高温下施用。

2. 尿素

(1) 基本性质　含氮44%～46%，化学分子式是$CO(NH_2)_2$，是白色半透明球状小颗粒，是固态肥料中含氮最高的优质肥料，是碳酸氢铵的2.6倍、硝酸铵的1.6倍。易溶于水，水溶液呈中性反应，高温潮湿的环境下易潮解。在固态氮肥中含氮量最高，是一种化学中性和生理中性肥料。

(2) 施肥方式及注意事项　尿素适用于任何土壤，可用作基肥，最适宜作根外追肥，不提倡作种肥。尿素本身是一种稳定的化合物，作追肥施入土壤后，一小部分以分子态吸收，大部分经脲酶作用转化为碳酸铵被吸收。尿素的肥效一般比其他氮肥晚3～5天，而且肥效期稍长。所以，尿素要在作物需肥前4～8天施用。一般用0.5%～1%水溶液施入土中，或用0.1%～0.3%水溶液进行根外追施，时间最好在傍晚进行，以免烧伤叶片。无论作基肥、追肥，都应注意深施盖土，尤其是石灰性和碱性土壤施用时要注意防止氨的挥发。

3. 硫酸铵

(1) 基本性质　含氮20%～21%，化学分子式是$(NH_4)_2SO_4$，为白色粉末结晶或砂糖样颗粒结晶，易溶于水，不易吸湿，易贮存，施用方便。水溶液呈酸性，为生理酸性肥料。

(2) 施肥方式及注意事项　硫酸铵可以作基肥、追肥及种肥。

作基肥时，应深施覆土，减少氮素损失。作追肥时，每次用量不宜太多。施入土壤后，铵被作物吸收或吸附在土壤胶粒上，硫酸根则多半留在土壤溶液中。因此，长期施用会提高土壤酸性，中性土中则会形成硫酸钙堵塞孔隙，引起土壤板结。因此，在保护地果树栽培中忌用此肥，以防土壤盐渍化。宜作追肥，注意深施盖土，及时灌水。不能与酸性肥料混用，在石灰土壤上配合有机肥料施用，可减少板结现象。

4. 硝酸铵

(1) 基本性质　含氮量34%～35%，化学分子式是NH_4NO_3，白色或淡黄色晶体。吸湿性强，易溶于水，中性反应，肥效快，易被植物吸收利用，肥料水溶液呈弱酸性反应，铵态氮和硝态氮各约占一半，养分含量高。

(2) 施肥方式及注意事项　硝酸铵适合于各种土壤，宜作追肥用，注意“少量多次”，施后盖土。如果必须用作基肥时，应与有机肥料混合施用，避免氮素淋失，增进肥效。在土壤水分较少的情况下，作追肥比其他铵态氮肥见效快，但在雨水多的情况下，硝态氮易随水流失。

5. 氯化铵

(1) 基本性质　含氮24%～25%，化学分子式是NH_4Cl，是制碱工业的副产品，为白色或淡黄色结晶。易溶于水，不易结块，物理性状较好，便于贮存。肥料水溶液呈弱酸性反应；物理性状较好，吸湿性略大于硫酸铵，属于生理酸性肥料。

(2) 施肥方式及注意事项　氯化铵适宜作基肥、追肥，不宜作种肥。其对土壤酸度的影响比硫铵大。因此，在酸性土壤上如果长期施用氯化铵，应结合施用石灰和有机肥料。与硫酸铵相似，氯化铵与碱性物质混合或施在石灰性土壤和微碱性土壤中，都会引起氨的挥发损失，所以贮存和施肥时应充分注意。氯化铵适宜在水田和水浇地施用，在没有灌溉条件的旱地以及排水不良的低洼地、盐碱地最好不用氯化铵，而选用其他氮肥。

多数研究认为，葡萄为忌氯作物，也就是说，氯离子对葡萄有不良影响，如可使葡萄浆果含糖量降低等，但也有的研究结果表明，氯离子对葡萄无不良影响。因此，如有其他氮肥，可不施氯化铵，如施也应少施，或与其他氮肥混合施用或交替施用。硫酸铵含氮20%～21%，肥效快，可作前期追肥。尿素含氮44%～46%，中性肥，溶解度高，易被吸收，但过量时易发生烧根。硝酸铵含氮34%～35%，易流失，宜多次少量施入。过磷酸钙宜采用穴施、沟施、深施至根部附近，根外喷肥可用1%～3%浓度。碳酸氢铵宜深施，防止挥发失效。硫酸钾含氧化钾48%～52%，在葡萄园中可作为基肥或追肥，根外喷肥时可用0.3%～0.5%浓度。

二、磷肥

根据所含磷化物的溶解度可分为水溶性、弱酸溶性和难溶性三类。水溶性磷肥有过磷酸钙等，能溶于水，肥效较快。弱酸性磷肥有钙镁磷肥等，施入土壤后，能被土壤中作物根系分泌的酸逐渐溶解而释放，为果树吸收利用，肥效较迟。难溶性磷肥有磷矿粉、骨粉等，一般认为只有在较强的酸中才能溶解，施入土中，肥效慢，后效较长。

1. 过磷酸钙

(1) 基本性质　含磷量（P_2O_5）12%～20%，也称普通过磷酸钙，简称普钙，磷以化学分子式$Ca(H_2PO_4)_2$的形式存在。过磷酸钙是世界上最早生产的一种磷肥，也是我国施用量最大的一种磷肥。普通过磷酸钙一般为深灰色或灰白色粉末，易吸潮、结块，含有游离酸，有腐蚀性。过磷酸钙虽然含磷量不高，但是其中含有较多的钙和硫以及部分微量元素，对于全面补充作物营养非常有利，是质优价廉的肥料品种。

(2) 施用方式及注意事项　过磷酸钙的有效成分易溶于水，是速效磷肥。适用于各种作物及大多数土壤。可以用作基肥、追肥，也可以用作种肥和根外追肥。过磷酸钙不宜与碱性肥料混用，以免发生化学反应降低磷的有效性。

用作基肥时，对于速效磷含量较低的土壤，一般每亩施用量为50kg左右，耕作之前均匀撒上一半，结合耕地翻入土中；播种前再撒上另一半，结合整地浅施入土，达到分层施磷的效果。如果和有机肥混合用作基肥，过磷酸钙的每亩施用量可在20～25kg。也可采用沟施、穴施等集中施用方法。

作追肥时，一般每亩用量为20～30kg，注意要早施、深施，施到根系密集层为好。作种肥时，每亩用量保持在10kg左右即可。根外追肥时，一般用1%～3%的水溶液进行喷施。

2. 重过磷酸钙

（1）基本性质　含磷量（P_2O_5）42%～50%。也称三料磷肥，简称重钙。和普钙一样，磷以化学分子式$Ca(H_2PO_4)_2$的形式存在。一般为浅灰色颗粒或粉末，性质与普钙类似。粉末状重钙易吸潮结块，有腐蚀性。颗粒状重钙商品性好，使用方便。

（2）施用方式及注意事项　重过磷酸钙的有效成分易溶于水，是速效磷肥。适用土壤及作物类型、施用方法等与过磷酸钙非常相似，但是由于磷含量高，应当注意磷肥用量。另外，由于重钙中不含硫，对于一些喜硫作物的效果不如过磷酸钙（等磷量情况下）。

3. 钙镁磷肥

（1）基本性质　含磷量（P_2O_5）12%～20%。为灰白、黑绿或棕色玻璃状粉末。不溶于水，无毒，腐蚀性小，不易吸潮结块，是化学碱性肥料。钙镁磷肥除含磷外，还含有钙、镁、硅及微量元素成分，是一个多元素肥料品种。其中，含氧化钙量25%～45%，含氧化镁量10%～15%，含二氧化硅量20%～40%。

（2）施用方式及注意事项　钙镁磷肥广泛适用于各种作物和缺磷的酸性土壤，特别适合于南方钙镁淋溶较严重的酸性红壤。钙镁磷肥施入土壤后，磷需经酸溶解、转化，才能被作物利用，属于缓效肥料。

多用作基肥，施用时，一般应结合深施，将肥料均匀施入土壤，使其与土壤充分混合。一般作基肥用时，每亩用量15～20kg，也可以采用一年30～40kg、隔年施用的方法。如果用其与优质有机肥混拌堆沤1个月以上，沤好的肥料可作基肥。钙镁磷肥不能与酸性肥料混用。不要直接与普钙、氮肥等混合施用，但可以配合、分开施用，效果很好。

4. 磷矿粉

（1）基本性质　磷矿粉是由磷矿石直接粉碎制成的。它的主要成分是氟磷灰石［$Ca_{10}(PO_4)_6F_2$］，其次还有氯磷灰石和羟基磷灰石。其含磷量（P_2O_5）因产地不同差异很大，高的可达30%以上，低的只有10%左右。一般呈灰褐色粉状，中性反应，属于难溶性迟效态磷肥。

（2）施用方式及注意事项　磷矿粉的肥效主要取决于有效磷的含量，有效磷含量愈高肥效就愈好。我国磷矿粉大多数具有中等以上的枸溶率（10%～20%）。鸟粪磷矿制成的磷矿粉枸溶率较高，主要成分是磷酸三钙［$Ca_3(PO_4)_2$］。枸溶率较低的磷矿一般不宜作磷矿粉直接施用。

生产上施用的磷矿粉要求有一定的细度，一般90%过100目筛即可。磷矿粉施用时，一般采用撒施，使磷矿粉与土壤充分接触。在酸性土壤和有效磷低的土壤上施用磷矿粉，一般效果显著。

三、钾肥

生产上常用的钾肥有氯化钾、硫酸钾和草木灰等。

1. 氯化钾

（1）基本性质　含氧化钾60%左右，化学分子式是KCl，氯化钾肥料中还含有氯化钠（NaCl）约1.8%、氯化镁（$MgCl_2$）约0.8%和少量的氯离子（Cl^-），水分含量少于2%。氯化钾一般呈白色或浅黄色结晶，有时含有少量铁盐而呈红色。氯化钾物理性状良好，吸湿性小，易溶于水，水溶液呈化学中性反应，属于生理酸性肥料。氯化钾是高浓度的速效钾肥。

（2）施用方式及注意事项　氯化钾适宜作基肥或早期追肥，一般不宜作种肥，因为氯离子易影响附近种子的发芽。作基肥时，通常要在播种前10～15天，结合耕地将氯化钾施入土壤中，其目的是为了将氯离子尽量淋洗掉。作追肥施用时，一般要求在作物苗长大后再追。

氯化钾和氯化铵被称为双氯化肥。在烟草作物和盐碱地上不宜施用；茶树、葡萄、马铃薯、甘薯、甜菜、甘蔗、西瓜等忌氯作物，尤其是在幼苗或幼龄期更要少用或不用。

2. 硫酸钾

（1）基本性质　含氧化钾40%～50%，化学分子式是K_2SO_4。硫酸钾一般呈白色至淡黄色粉末，是化学中性、生理酸性的肥料，它易溶于水，不易吸湿结块。

（2）施用方式及注意事项　施用硫酸钾应首先考虑到它是生理酸性肥料，在酸性土壤上长期施用可能引起土壤酸化板结，所以在酸性土上施用硫酸钾时要配合石灰施用。在水田等还原性较强的土壤中，硫酸钾中的硫易产生硫化氢毒害，注意配合施用石灰。

硫酸钾可以用作基肥、追肥、种肥及根外追肥。旱田用硫酸钾作基肥，应深施覆土，以减少钾的固定，并利于作物根系吸收。作追肥施，由于钾在土壤中移动性较小，应集中条施或穴施到根系较密集的土层。沙性土壤上，为避免钾的流失，一般宜作追肥。叶面施用时，配成2%～3%的水溶液喷施。

3. 钾镁肥

（1）基本性质　一般为硫酸钾镁形态，含氧化钾22%以上，硫酸钾镁的化学分子式是$K_2SO_4 \cdot MgSO_4$。除了含钾外，多数钾镁肥还含有镁11%以上、硫22%以上，因此，硫酸钾镁是一种优质的既含钾又含镁和硫的多元素肥料。特别是近年来，我国对无氯钾肥消费增长较快，缺口较大，硫酸钾镁在市场上的前景十分看好。另外，这些肥料一般属于天然的矿物，是绿色食品和有机食品允许施用的肥料品种。

（2）施用方式及注意事项　硫酸钾镁适合各种土壤。近年来，我国高强度的耕作、单一的氮磷钾肥施用，造成了土壤中微量元素持续耗竭，特别是镁的缺乏。钙、硫等可以通过过磷酸钙、硫酸铵等的施用予以补充，而镁除了钙镁磷肥外，补充途径十分有限。因此，在我国许多地区，缺镁已经是普遍现象，这种现象在南方部分地区尤为明显。因此，硫酸钾镁特别适合在南方红黄壤土地区施用。

4. 草木灰

（1）基本性质　植物残体燃烧后剩余的灰称为草木灰。草木灰含有多种灰分元素，如钾、钙、镁、硫、铁、硅等。其中，含钾、钙最多，磷次之。如禾本科草木灰含 K_2O 约 8.1%、CaO 约 10.7%、P_2O_5 约 2.3%。草木灰中钾的主要存在形态是碳酸钾，其次是硫酸钾。草木灰中的钾大约有 90%可溶于水，有效性高，是速效性钾肥。由于草木灰中含有 K_2CO_3，所以它的水溶液呈碱性，它是一种碱性肥料。

（2）施用方式及注意事项　草木灰适合于作基肥、追肥和盖种肥。作基肥时，可沟施或穴施，深度约 10cm，施后覆土。作追肥时，可叶面撒施，既能供给养分，也能在一定程度上减轻或防止病虫害的发生和危害。由于草木灰颜色深且含一定的碳素，吸热增温快，质地疏松，因此最适宜用作水稻、蔬菜育苗时的盖种肥，既供给养分，又有利于提高地温，防止烂秧。

草木灰是一种碱性肥料，因此不能与铵态氮肥、腐熟的有机肥料混合施用，也不能倒在猪圈、厕所中贮存，以免造成氨的挥发损失。草木灰在各种土壤上对多种作物均有良好的反应，特别是酸性土壤上施于豆科作物，增产效果十分明显。

四、微量元素肥料

1. 铁肥

（1）硫酸亚铁　又名绿矾，化学分子式是 $FeSO_4 \cdot 7H_2O$，呈蓝绿色的结晶体，易溶于水，但易氧化，变成铁锈色的硫酸铁，其分子式为$Fe_2(SO_4)_3$。施用方法以（1～5）∶100的比例与有机肥堆制后施入土中，提高铁的有效性和长效性。根外施用时，可用0.1%～0.5%溶液和0.05%的柠檬酸溶液一起喷于黄化了的植株上，也可配成矾肥水。饼肥、硫酸亚铁和水按1∶5∶200配制后发酵，浇灌。

（2）尿素铁　化学分子式为$[Fe(N_2H_4CO)_6](NO_3)_3$，是一种新的络合型化肥，其含氮量与硝酸铵相当，为34%，含铁量为8.85%，呈蓝绿色晶体，易溶于水，水溶液呈弱酸性，性质稳定，吸湿性较尿素小，其分解和硝化作用周期比尿素长。施入土壤后有利于植物对铁的吸收，肥效优于硫酸亚铁和尿素。

2. 硼肥

主要有硼酸（H_3BO_3），含硼17.5%。硼砂（$Na_2B_4O_7 \cdot H_2O$）含硼11.3%，呈白色结晶和粉末，易溶于水。施用方法有撒施和喷施，喷施用0.025%～0.1%硼酸或0.05%～0.2%硼砂溶液。葡萄开花前喷施硼肥，可以提高坐果率。

3. 锰肥

硫酸锰（$MnSO_4 \cdot 4H_2O$）含锰24.6%，呈粉红色结晶，易溶于水。硫酸锰溶解度大。根外追肥使用浓度为0.05%～0.1%，一般在开花期和球根形成期喷施效果好。锰肥对石灰性土壤或喜钙植物也有较好的效果。

4. 铜肥

硫酸铜（$CuSO_4 \cdot 5H_2O$）含铜25.9%。易溶于水，肥效快。多用作追肥，根外追肥的浓度为0.01%～0.5%。

5. 锌肥

硫酸锌（$ZnSO_4$）含锌40.5%。氯化锌（$ZnCl_2$）含锌48%。呈白色结晶，易溶于水。根外追肥的浓度以0.05%～0.2%为宜，果树可适当浓些。锌肥在石灰性土壤和多年生果树上施用效果较好。用硫酸锌喷施柑橘，能防缺绿病和加速幼树的生长。

6. 钼肥

钼酸铵［$(NH_4)_2MoO_4$］含钼50%，呈青白色结晶或粉末，易溶于水。钼酸铵也可作根外追肥，溶液浓度为0.01%～0.1%。一般在苗期或现蕾时喷施。

五、复混肥料

复混肥料是复合肥料和混合肥的统称，由化学方法或物理方法加工而成。生产复混肥料可以物化施肥技术，提高肥效，并能减少施肥次数，节省施肥成本。因此，生产和施用复混肥料引起世界各国的普遍重视。

复混肥料是指氮、磷、钾3种养分中至少有2种养分的肥料，含2种营养元素的称二元复混肥料，含3种营养元素的称三元复混肥料。复混肥料中营养成分和含量，习惯上按氮-五氧化二磷-氧化钾的顺序，分别用阿拉伯数字表示，“0”表示不含该元素，一般称为肥料规格或肥料配方。如18-46-0表示为含氮18%，含五氧化二磷46%，总养分为64%的氮、磷二元复混肥料。复混肥料中含有中量或微量营养元素时，则在氧化钾后面的位置上表明其含量，并加括号注明元素符号。如18-9-12-4(S)表示为含氮18%，含五氧化二磷9%，含氧化钾12%，含中量营养元素硫的三元复混肥料。商品复混肥料的营养成分和含量在肥料口袋上有明确标记。

根据制造方法分类：一是化成复合肥。化学方法制造出来的某种化合物，养分含量和比例固定，多为二元复合肥。二是配成复合肥。按一定配方将几种单质肥料配成或配入某一单质肥料，部分发生化学反应，养分含量和比例由配方决定，常含副成分，常制成颗粒肥，多为三元复合肥。三是混成复合肥（BB肥）。由几种颗粒大小一致的单质肥料或化成复合肥料，按一定配方经称量配料和简单机械混合而成，要求随混随用，不能长期存放，成本低。

1. 常用复（混）合肥料种类及施用

（1）氮磷复合肥（二元，$N-P_2O_5-O$）

① 氨化过磷酸钙　用氨处理过磷酸钙制成的氮少磷多的复合肥。含氮3%，五氧化二磷13%～15%。改造过磷酸钙的物理性状，可作种肥及复合肥生产的原料。

② 硝酸磷肥　用硝酸处理磷矿粉再氨化而成。生产工艺多样，氮、磷含量不同，颗粒状，作基肥、追肥。最适合大田。

③ 磷酸铵　优质高浓度氮磷复合肥，简称磷铵。主要成分是$NH_4H_2PO_4$（一铵）和$(NH_4)_2HPO_4$（二铵）。一是磷酸一铵，又称“安福粉”，纯品12-52-0，肥料级10-50-0，易溶于水，化学酸性（pH值4.4），白色结晶颗粒，性质稳定，氮磷比为1∶4或1∶5，作生产肥料的原料。二是磷酸二铵，又称“重福粉”，纯品21-54-0，肥料级18-46-0。易溶于水，化学碱性（pH值8），白色结晶，高温、高湿、有氨的挥发，氮磷比为1∶2.5，适于各种土壤和作物。三是磷酸铵，肥料级为一铵和二铵的混合物，且以其中之一为主。如肥料级磷酸一铵中一铵占70%，其余为二铵。肥料级磷酸二铵中二铵占70%，其余为一铵。易溶于水，化学中性（pH值7～7.2），白色结晶，性质稳定，适合各种土壤和作物，宜作种肥、追肥和基肥，缺磷土壤作种肥效果好。不能与草木灰、石灰同时施用。适合作其他复合肥原料。

（2）氮钾复合肥（二元，$N-O-K_2O$）

① 硝酸钾　高浓度复合肥，含氮13.5%、氧化钾45%～46%。化学中性、生理中性，易溶于水，吸湿性小，具有强氧化性，属易燃易爆品，忌与有机质一起存放。不含副成分，适于旱地、忌氯喜钾作物、追肥、浸种和根外追肥。

② 氮钾肥　主要成分为K_2SO_4和$(NH_4)_2SO_4$，含氮14%、氧化钾11%～16%。易溶于水，适合作基肥、追肥和种肥，特别是对追肥、浸种、根外追肥和缺氮、钾的土壤效果好。

（3）磷钾复合肥（二元，$O-P_2O_5-K_2O$）　主要代表为磷酸二氢钾。高浓度复合肥，含五氧化二磷 52.2%、氧化钾 34.5%。易溶于水，化学酸性，不易吸湿结块。价格高，故常作根外追肥或浸种。

(4) 氮磷钾复合肥（三元，N-P_2O_5-K_2O） 含有氮、磷、钾 3 种元素，根据农作物需肥规律合理匹配，复混后加工成的商品肥料。通常以专用型的三元复混肥施用效果最好。适用作基肥、追肥和种肥。

2. 肥料互相混合的原则

各种植物都需要多种养料，而化学肥料大多只含有一种肥料要素。为了满足植物需要，往往需要同时施用几种化学肥料，或化学肥料和有机肥料混合起来施用。但是并非所有的肥料都能混合，凡是符合下述 3 项原则的，方可互相混合。一是混合后不致发生养分损失；二是混合后改善了肥料不良的物理性状；三是混合后有利于肥效提高。常见主要肥料能否混合施用见表 2-2。

表 2-2 主要肥料能否混合施用查对表

氯化铵	1													
碳酸氢铵	1	1												
氨水	1	1	1											
硝酸铵	1	3	1	1										
硝酸钙	3	3	3	3	3									
硝酸铵钙	1	3	3	3	1	1								
硫硝酸铵	2	1	1	1	2	3	1							
尿素	1	1	1	1	1	3	1	3						
石灰氮	3	3	3	3	3	1	3	3	3					
过磷酸钙	2	2	2	2	1	3	3	1	1	3				
重过磷酸钙	2	2	2	2	3	3	3	1	1	3	2			
钙镁磷肥	3	3	3	3	3	3	3	3	3	3	3	3		
沉淀磷酸钙	2	2	1	1	1	3	1	1	1	3	1	1	3	
钢渣磷肥	3	3	3	3	3	1	3	3	3	2	3	3	1	1

续表

	硫酸铵	氯化铵	碳酸氢铵	氨水	硝酸铵	硝酸钙	硝酸铵钙	硫硝酸铵	尿素	石灰氮	过磷酸钙	重过磷酸钙	钙镁磷肥	沉淀磷酸钙	钢渣磷肥	磷矿粉骨粉	磷酸铵	硫酸钾	氯化钾	草木灰	人畜尿粪	堆肥圈肥
磷矿粉、骨粉	1	1	1	3	1	1	1	1	1	2	2	3	2	1	2							
磷酸铵	1	1	1	1	1	3	3	1	1	3	2	2	3	2	3	3						
硫酸钾	2	2	1	1	2	1	1	2	2	2	1	2	3	2	2	2	1					
氯化钾	2	2	1	1	2	3	3	1	1	1	2	2	3	2	1	1	3	2				
草木灰	3	3	3	3	3	1	3	3	3	2	3	3	2	1	2	2	3	2	2			
人畜尿粪	2	2	3	3	2	3	3	1	1	3	2	2	2	2	3	2	2	2	2	3		
堆肥、圈肥	2	2	3	3	2	3	3	1	1	3	2	2	2	2	3	2	1	2	2	3	2	
石灰	3	3	3	3	3	1	3	3	3	2	3	3	2	3	2	2	3	2	2	3	3	3

注：1表示可以混合施用；2表示混合后立即施用；3表示不能混合施用。

第三节　新型肥料

一、生物菌肥

生物菌肥亦称生物肥、菌肥、细菌肥料或接种剂等，但大多数人习惯叫菌肥。确切地说，生物肥料是菌而不是肥，因为它本身并不含有植物生长发育需要的营养元素，而只含有大量的微生物，在土壤中通过微生物的生命活动，改善作物的营养条件。

生物菌肥的种类较多，按照制品中特定的微生物种类可分为细菌肥料（如根瘤菌肥、固氮菌肥）、放线菌肥料（如抗生菌肥料）、真菌肥料（如菌根真菌）。按其作用机制分为根瘤菌肥料、固氮菌肥料（自生或联合共生类）、解磷菌类肥料、硅酸盐菌类肥料。按其制品内含分为单一的微生物肥料和复合（或复混）微生物肥料。复合微生物肥料又有菌菌复合，也有菌和各种添加剂复合的。我国目前市场上出现的品种主要有固氮菌类肥料、根瘤菌类肥料、解磷微生物肥料、硅酸盐细菌肥料、光合细菌肥料、芽孢杆菌制剂、分解作物秸秆制剂、微生物生长调节剂类、复合微生物肥料类、与植物根际促生菌（PGPR）类联合使用的制剂以及丛枝菌根（AM）真菌肥料等。

1. 固氮菌肥料

固氮菌肥料是利用固氮微生物将大气中分子态氮气转化为农作物能利用的氨，进而为其提供合成蛋白质所必需的氮素营养肥料。微生物自生或与植物共生，将大气中的分子态氮气转化为农作物可吸收氨的过程，称为生物固氮。生物固氮是在极其温和的常温、常压条件下进行的生物化学反应，不需要化肥生产中的高温、高压和催化剂。因此，生物固氮是最便宜、最干净、效率最高的施肥过程。固氮菌肥料是最理想的、最有发展前途的肥料。

2. 根瘤菌肥料

根瘤菌肥料是含有大量根瘤菌的肥料，能同化空气中的氮气，在豆科植物上形成根瘤（或茎瘤），供应豆科植物氮素营养。产品是由根瘤菌或慢生根瘤菌属的菌株制造。根瘤菌一般可分为大豆根瘤菌、花生根瘤菌、紫云英根瘤菌等，其形状一般为短杆状，两端钝圆，会随生活环境和发育阶段而变化。

3. 磷细菌肥料

磷细菌肥料是能强烈分解有机或无机磷化物的微生物制品，其中含有能转化土壤中难溶性磷酸盐的磷细菌。磷细菌有两种：一种是有机磷细菌，在相应酶的参与下，能使土壤中的有机磷分解，转变为作物可利用的形态；另一种是无机磷细菌，它能利用生命活动产生的二氧化碳及各种有机酸，将土壤中一些难溶性的矿质态磷酸盐溶解成为作物可利用的速效磷。磷细菌在生命活动中除具有分解磷的作用外，还能促进固氮菌和硝化细菌的活动，分泌异生长素、类赤霉素、维生素等刺激性物质，刺激种子发芽和作物生长。

磷细菌肥料不能直接与碱性、酸性或生理酸性肥料及农药混合施用，且在保存或使用过程中要避免日晒，以保证活菌数量。磷细菌属好气性细菌，通气良好、水分适当、温度适宜（25～35℃）、pH 值 6～8 时生长最好，有利于提高磷的有效性。

4. 硅酸盐细菌肥料

硅酸盐细菌肥料通常称为生物钾肥，又称钾细菌。硅酸盐细菌能分解正长石、云母等矿物，破坏含钾矿物的晶格结构，释放出有效性钾，还能提高磷灰石粉的水溶性磷含量，改善植物钾、磷等营养水平，一般每亩施 1kg 生物钾肥与每亩施 7.5kg 氯化钾的增产效果相当，一般增产 10%左右。生物钾肥产品分液体生物钾肥和草炭生物钾肥 2 种，液体生物钾肥外观为浅褐色，浑浊，无异臭，微酸味，每毫升含活菌大于 10 亿个，杂菌数小于 5%，pH 值 5.5～7。草炭生物钾肥为黑褐色或褐色粉状固体，湿润松散，无异味，含水量 20%～35%，每克含活菌大于 2 亿个，杂菌小于 15%，pH 值 6～7.5。

在葡萄种植中应用生物肥，葡萄植株在大量活化的有益微生物作用下，能扩大根系的吸收面积，增强叶片光合作用；不仅可以减少肥料的使用量，降低成本，提高产量，而且能改善葡萄品质，提高糖度，有利于生产优质葡萄并提早上市。

二、氨基酸肥料

氨基酸复合微肥是一种新型肥料，可以作为各种作物的叶面肥和灌根、冲施或滴灌肥料，也可用作种子处理。氨基酸复合肥含有植物必需的多种氨基酸、有机锌、铜、锰、铁、锗和硼等营养成分，具有促进作物体内生长素和植保素形成，提高作物体内多种酶的活性，活化植株机能，促进生物固氮，促进和调控营养生长和生殖生长，促进成熟，改善果实品质等功能。

氨基酸复合微肥一般采用叶面喷施的方法，也可用于灌根、灌溉施肥、树体注入等方法。喷施时期应在果实膨大期喷 2 次，着色期喷 1 次。如果发生果树缺素症状时应及时进行喷施补救。喷施浓度一般用水稀释600～1000倍，喷施于果树叶面呈湿润而不滴流为宜，果树叶面喷施，一般喷3～5次，每隔7～13天喷施一次，能快速补充养分。高温天气，上午8～9时和下午4时以后是一天中的最佳喷施时间。

三、果树磁化肥

磁化肥是指将磁性载体与氮、磷、钾及微量元素等按一定比例混合、造粒，经磁场处理后保持一定"剩磁"的肥料。目前使用最普遍的磁性载体是粉煤灰、选铁尾矿和钢渣等。

1. 磁化肥的作用

磁化肥主要是通过"剩磁"来影响土壤和果树的。在相等养分条件下，磁化肥比普通肥料增产5%～15%。与普通复合肥相比，磁化肥的良好作用主要表现在以下几个方面：

（1）改善土壤的物理性状　能降低土壤容重，改善土壤微团粒结构，提高土壤透水性，增强土壤抗旱、抗涝能力，提高地温。

（2）改善土壤的化学性状　能降低土壤酸度，促进养分转化，阳离子交换量增加，土壤磷酸根吸附减少，重金属离子吸附增加。

（3）促进土壤的生物活性　能提高土壤酸酶、转化酶、淀粉酶以及过氧化氢酶的活性。此外，磁化肥还可促进发芽、生长，改善品质，抗病，防虫。

2. 磁化肥的施用

磁化肥中的磁性载体添加剂（粉煤灰、钢渣等），含有较多的铁、硅、钙和硼等营养物质。这些营养物质需在土壤中转化后才能被吸收利用，所以磁化肥一般作为基肥施用。磁化肥施入土壤后，能直接促进微生物的生长和繁殖，加速土壤有机质的分解，宜与有机质肥料配合施用。由于磁化肥具有降低土壤酸度、提高土壤透水性的功能，所以在酸性土壤和黏质土壤上施用效果更好。磁化肥的用量，可根据其有效成分含量确定，一般与同等成分的复合肥相当。施用时，要结合浇水，使之尽量与土壤混匀。

目前，我国磁化肥还缺乏统一的标准，对肥料“剩磁”的测定也很不规范，因此应特别注意产品说明书中的施用要求。

四、稀土肥料

稀土微肥是以镧（La）、铈（Ce）元素为主，包括少量镨（Pr）和钕（Nd）元素在内的轻稀土元素无机盐或有机盐。在一般的稀土矿物中，这几种稀土元素共存在一起，元素间的电子层结构和物理、化学性质相近。不同产地的元素成分稍有差别。稀土微肥是这些稀土元素的混合物，通常又叫做混合稀土或稀土复合微肥。

稀土元素具有一定放射性。农用稀土微肥是以除去放射性杂质的氯化稀土作原料，其放射量与氮肥相当，低于磷肥。施用稀土微肥后，在果实内的残留量远低于人体每日允许的摄入量。所以，农用稀土微肥为非放射性物质，施用稀土微肥后的果实对人体无放射性伤害。

1. 稀土肥料的作用

稀土元素虽不是果树生长发育必需的营养成分，但具有调节果树细胞膜透性的作用，能保护细胞膜，延缓细胞衰老；能够调节细胞的持水力，从而提高果树的抗旱力和抗寒力；可促进果树细胞内核酸和蛋白质的合成，诱导产生抗性蛋白，及时修补细胞内的线粒体，更新叶绿素，提高果树光合速率；能明显促进果树根系对氮的吸收、转化和运转；能提高果树光合作用的强度，有利于碳素营养物质较多积累；还能抑制果树体内脱落酸的形成，对果树各器官、组织和细胞均有明显的抗衰老作用。

2. 稀土肥料的施用

稀土微肥的施用方法主要有叶面喷施和土壤沟施，通常以叶面喷施为主。喷施后1周效果最显著，有效期为25～35天。叶面喷施稀土微肥的时期，大致在果树生育的前期，主要是开花期和果实发育前期。

稀土微肥叶面喷施的浓度，因果树种类而不同。苹果的最佳施用浓度为0.05%，超过0.2%会发生伤害。梨的最佳施用浓度为0.05%～0.08%，超过0.1%会发生伤害。葡萄的最佳施用浓度为0.05%～0.1%，超过1%时发生伤害。枣、杏和草莓的最佳施用浓度为0.03%，核桃为0.05%，柿为0.15%，板栗为0.04%，山楂为0.05%。

稀土溶液配制时，需用pH5～6的微酸性洁净水。pH偏高会影响稀土的溶解度，易发生沉淀，可用硝酸或食醋加以调整。

稀土微肥不宜与碱性农药混合施用，与粉锈宁、甲胺磷、代森锌、杀虫双、溴氰菊酯和三氯杀螨醇等可以混合施用，对肥效和药效均有促进作用。

稀土微肥在沙质土壤和石灰性土壤的施用效果，优于酸性土壤和壤质土壤。在适当增施氮、磷、钾的基础上，再施用稀土肥料，可以提高施肥效果。

第三章

无公害葡萄生产肥料选用和科学施肥

土壤中矿物质养分是葡萄生长发育不可缺少的营养来源。施肥可以有效地供给植物营养，合理施肥还可以改善土壤的理化性状及促进土壤团粒结构的形成。合理施肥要因地制宜，综合考虑，才能实现施肥的科学化。施肥原则是以有机肥为主，化学肥为辅，以保持或增加土壤肥力及土壤微生物活性为主要目标。同时所用的肥料不应对果园及周边环境产生危害，不应对果实品质产生不良影响。

第一节　无公害葡萄生产肥料选用

由于无公害食品对化学肥料残留量有严格的限制，因此，无公害葡萄园施肥种类也就有相应的严格要求。生产者在对肥料进行选择时应注意下列问题。

一、允许施用的肥料

1. 农家肥

包括堆肥、沤肥、厩肥、沼气肥、绿肥、作物秸秆肥、泥炭肥、饼肥、腐植酸类肥、人畜废弃物加工而成的肥料等。

2. 商品有机肥

是以生物物质、动植物残体和排泄物、生物废弃物等为原料加工制成的肥料。

3. 腐植酸类肥料

以草炭、褐煤、风化煤为原料生产的腐植酸类肥料。

4. 微生物肥料

是指用特定的微生物菌种生产的活性微生物制剂和微生物处理的肥料，无毒无害，不污染环境，通过微生物活动改善营养或产生植物激素，促进植物生长。目前微生物肥料分为5类：

（1）微生物复合肥　它以固氮类细菌、活化钾细菌、活化磷细菌3类有益细菌共生体系为主，互不拮抗，能提高土壤营养供应水平，是生产无公害食品的理想肥源。

（2）固氮菌肥　能在土壤和作物根际固定氮素，为作物提供氮素营养。

（3）根瘤菌肥　能增加土壤中氮素营养。

（4）磷细菌肥　能把土壤中难溶性磷转化为作物可利用的有效磷，改善磷素营养。

（5）磷酸盐菌肥　能把土壤中的云母、长石等含钾的磷酸及磷灰石进行分解释放出来。

5. 有机复合肥

有机物和无机物的混合物或化合制剂，即畜禽粪便经无公害处理后，加入适量的锌、锰、硼等微量元素制成的干燥颗粒肥料。

6. 无机（矿物）肥料

矿物钾肥和硫酸钾，矿物磷肥（磷矿粉），煅烧磷酸盐（钙镁磷肥、脱氟磷酸）、粉状硫肥（在碱性土壤中使用），石灰石（在酸性土壤中使用）。

7. 叶面肥

有微量元素肥料，以硼、铜、铁、锰、锌、钼等微量元素及有益元素配置的肥料；植物生长辅助物质肥料，如用天然有机物提取或接种有益菌类的发酵液，再配加一些腐植酸、藻酸、氨基酸、维生素等配制的肥料。葡萄叶面追肥中不得含有化学合成的生长调节剂。

8. 化学肥料

无公害葡萄园虽然允许使用氮素化肥，但有机氮和无机氮之比应不低于1∶1左右，化肥也可与有机肥、微生物复合肥混合施用，秸秆还田也允许用少量氮素化肥调节碳氮比。硝态氮肥在无公害葡萄园中禁止使用；劣质磷肥中含有害金属和三氯乙醛，会造成土壤污染，也不可施用。所以使用的商品肥料必须是按照国家法规规定，受国家肥料部门管理，并经过检验审批合格的肥料。

9. 允许使用的其他肥料

不含合成添加剂的食品、纺织工业的有机副产品，不含防腐剂的鱼渣、牛、羊毛肥料、骨粉、氨基酸残渣、骨胶废渣、家畜加工废料等有机物制成的肥料。

二、限量、限制施用的肥料

主要是氮肥和含氯的肥料。尤其是在葡萄生产中应严格控制含氯肥料的使用。

三、禁止施用的化学肥料

凡未经过无害化处理的城市垃圾，或含有金属、橡胶和有害物质的垃圾，硝态氮肥和未腐熟的人粪尿及未经获准登记的肥料产品。

四、肥料选择和施用原则

葡萄园施肥原则是在养分需求与供应平衡的基础上，坚持有机肥料与无机肥料相结合，大量元素与中量元素、微量元素相结合，基肥与追肥相结合，根系施肥与叶面喷肥相结合。根据葡萄的需肥规律进行平衡施肥或配方施肥。使用的商品肥料应是在农业行政主管部门登记使用或免予登记的肥料。

第二节　施肥技术

一、确定葡萄施肥时期的依据

1. 掌握葡萄需肥时期

葡萄需肥时期与物候期有关。养分首先满足生命活动最旺盛的器官，即生长中心也就是养分的分配中心。随着生长中心的转移，分配中心也随之转移，若错过这个时期施肥，一般补救作用不大。葡萄主要的生长中心有开花、坐果、幼果膨大、花芽分化等时期。有时有的生长中心有重叠现象，如幼果膨大期与花芽分化期就出现养分分配和供需的矛盾。因此，必须视土壤肥力状况给以适量的追肥，才能减缓生长中心竞争营养的矛盾，使树体平衡地生长发育。

2. 掌握土壤中营养元素和水分变化规律

土壤中营养元素的含量与葡萄园的耕作制度有关，清耕园一般春季含氮较少，夏季有所增加。钾含量与氮相似，磷含量则不相同，春季多，夏秋季少。间作豆科作物，春季氮素少，夏季由于根瘤菌固氮作用而增加。土壤水分含量与发挥肥效有关，土壤水分亏缺时施肥，有害无利；积水或多雨地区肥分易淋洗流失，应进行施肥。

3. 掌握肥料的性质

因肥料性质不同而施肥期不同。易流失挥发的速效性或施后易被土壤固定的肥料，如碳酸氢铵、过磷酸钙等宜在葡萄需肥稍前施入；迟效性肥料如有机肥料，因腐烂分解后才能被葡萄根系吸收利用，故应提前施入。同一肥料元素因施用时期不同而效果不一样。如氮肥在生长前期施用，可促进枝叶生长，若后期追施，不仅影响果实成熟着色，枝条成熟期也会推迟。因此，决定肥料的施用时期，应结合树体营养、吸收特点、土壤供肥情况以及气候条件等综合考虑，才能收到良好效果。

二、葡萄基肥和追肥施用时期

1. 定植时施肥

为使葡萄定植后生长发育良好，必须在定植时施用充足的肥料。丰产经验表明：每穴必须施入厩肥 5～5.7kg、硫酸钾 50～100g，若是南方酸性土壤或多雨地区还需加施 200～250g 过磷酸钙。

2. 基肥

基肥以有机肥料为主，是较长时期供给葡萄多种养分的基础肥料。施入土壤后才逐渐分解，能不断供给葡萄吸收的大量元素和微量元素。因此，基肥一般在秋季果实采收后立即施用效果较好。秋施基肥正值根系生长高峰，伤根容易愈合，切断一些细小根，还起到根系修剪作用，可促发新根。秋施基肥时还可加入适量速效氮肥，效果更好。此时，葡萄地上部新生器官已逐渐停止生长，根系所吸收的营养物质以积累贮备为主，可提高树体营养水平和细胞液浓度以及植株的越冬性，有利于花芽的继续分化、萌芽开花和新梢早期生长，为翌年结果打下良好基础。基肥可隔年施用 1 次，有条件的可每年施用。

秋施基肥，有机物腐烂分解时间较长，矿质化程度高，翌春可及时供根系吸收利用；同时还可提高地温，防止根际冻害。

目前生产中常用的施基肥的方法有全园撒施和沟施两种，棚架葡萄可采用撒施，施后再用铁锹或犁将肥料翻埋。撒施肥料常常引起葡萄根系上浮，应尽量改撒施为沟施或穴施。篱架葡萄常采用沟施。方法是在距植株50cm处开沟，宽40cm、深50cm，每株施腐熟有机肥25～50kg、过磷酸钙250g、尿素150g。一层肥料一层土依次将沟填满。为了减轻施肥的工作量，也可以采用隔行开沟施肥的方法，即第一年在第一、第三、第五行挖沟施肥，第二年在第二、第四、第六行挖沟施肥，轮番沟施，使全园土壤都得到深翻和改良。

基肥施用量占全年总施肥量的50%～60%。一般丰产稳产葡萄园每亩施土杂肥5000kg（折合氮12.5～15kg、磷10～12.5kg、钾10～15kg，氮、磷、钾的比例为1∶0.5∶1）。群众总结为"一千克果五千克肥"。

3. 追肥

追肥是当年壮树、高产、优质，又给翌年生长结果打下基础的肥料。追肥的次数和时期与气候、土质、树龄等有关。一般高温多雨或沙质土，肥料易流失，追肥次数可多一些；幼树追肥次数宜少，随树龄增长，结果量增多，长势减缓时，追肥次数要逐渐增多，以调节生长和结果的矛盾。生产上对成年葡萄结果树一般每年追肥2～5次。

（1）催芽肥　第一次追肥在早春芽眼膨大时施用。葡萄萌芽前，结合深翻畦面，在植株周围进行土壤追肥，以促进芽眼萌发整齐。此期除萌芽、展叶需大量的营养物质外，正是花芽继续分化、芽内迅速形成第二和第三花穗的时期，需要大量的养分，特别是氮素肥料。它的作用是促使葡萄花芽继续分化，使其芽内迅速完善花穗发育，此时正值葡萄植株发育临界期之一，所以应在葡萄出土后、发芽前追施一次尿素和含氮复合肥，以满足植株早期生长发育的需要。南方有机肥较充足、树势偏弱的葡萄园，可不追施催芽肥。

（2）花前追肥　葡萄萌芽开花需消耗大量营养物质。但在早春，吸收根发生较少，吸收能力也较差，主要消耗树体贮存养分。若树体营养水平较低，此时氮肥供应不足，会导致大量落花落果，影响营养生长，故生产上应注意这次追肥，宜施用腐熟的人粪尿混掺硝酸铵或尿素，施用量占全年用肥量的10%～15%。对弱树、老树和结果过多的大树，应加大施肥量。若树势强旺，基肥数量又较充足时，花前追肥可推迟至花后。

（3）花后追肥　花后幼果和新梢均迅速生长，需要大量氮素营养，施肥可促进新梢正常生长，扩大叶面积，提高光合效能，有利于糖类和蛋白质的形成，减少生理落果。一般花前肥和花后肥可以相互补充，如花前追肥量过大，花后也可不施。

（4）幼果发育和花芽分化期追肥　此期部分新梢停止生长，果实正在膨大，花芽正在分化，追肥既可保证当年产量，又为翌年结果打下良好基础，对克服大小年结果也有良好作用，因此，这一时期追肥也称膨果肥，必须抓好葡萄园的肥水管理工作。这次追肥应以氮肥为主，结合施磷、钾肥。特别应注意钾肥施用量与比例，因其对生长结果有重要价值。通常施腐熟的人粪尿或尿素、草木灰等速效肥，施肥量占全年施肥总量的20%～30%。但对结果不多的大树要注意氮肥适量施用，以免引起新梢旺长和不利于花芽分化；尤其是对东方品种群的葡萄品种要控制施肥量。

（5）果实生长后期追肥　如前期施用钾肥不足会影响果实的品质和着色，可在果实着色初期追施磷、钾肥，施肥量占全年用肥量的10%左右。这次追肥也可在果实采收后进行，目的是恢复树势，促进叶片光合作用，增加树体养分积累，以追施磷、钾肥为主。此项补肥适用于早中熟品种，对晚熟品种效果不佳，易诱发副梢，反而消耗营养，影响新梢成熟，这次追肥也有与基肥结合进行的。

三、施肥方法

1. 土壤施肥

土壤施肥必须根据根系分布特点，将肥料施在根分布层内，便于根系吸收。由于根系具有趋肥特性，其生长方向以施肥部位为转移，因此，一般将有机肥料施在距根系集中分布层稍深、稍远处，诱导根系向深广生长。葡萄根系深度和广度与品种、树龄、砧木、土壤有关。幼树根系浅，分布范围不大，以范围小、浅施为宜。随树龄增大，施肥范围和深度也要逐年加深扩大。沙地、坡地以及高温多雨地区养分易淋洗流失，宜在葡萄需肥关键时期多次少施，以提高肥料利用率。追肥因为一般多为速效性养分，在葡萄急需前施入，增产效果显著。基肥以迟效性有机肥或发挥肥效缓慢的复合肥料为主，应适当早施深施。此外，各元素在土壤中的移动性不同，施肥深度也不一样。如氮肥在土壤中移动性强，即使浅施也可渗透到根系分布层内，被果树吸收利用。钾肥和磷肥移动性差，一般宜深施。现将生产上常用的施肥方法介绍如下（图 3-1）：

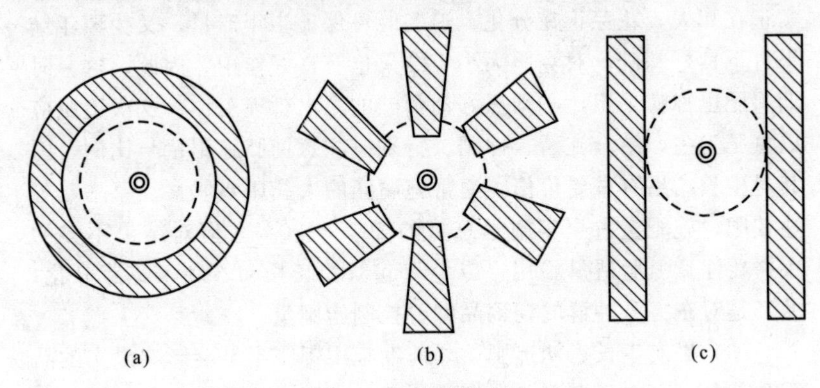

图 3-1　土壤施肥方法

（a）环状施肥；（b）放射沟施肥；（c）条沟施肥

◎代表树干；▨代表施肥

（1）环状施肥　又称轮状施肥，是在主干外围 30～50cm 处挖深、宽各 20～30cm 的环状沟施肥。此法具有操作简便、经济用肥等优点。但挖沟易切断水平根，且施肥范围较小，一般多用于幼树。

（2）放射沟施肥　是在主干 30～50cm 处，向四方各开一条由浅而深的沟，其长度因株行距而定。这种方法一般较环状施肥伤根较少，但挖沟时也要躲开大根。可隔次更换放射沟位置，扩大施肥面，促进根系吸收。

（3）条沟施肥　在葡萄行间、株间或隔行开沟施肥，也可结合深翻进行，较便于机械化操作。

（4）全园施肥　成年果树或密植果园，根系已布满全园时多采用此法。即将肥料均匀地撒布园内，再翻入土中。但因施肥浅，常导致根系上移，降低根系抗逆性。此法若与放射沟施肥隔年更换，可互补不足，发挥肥料的最大效用。

（5）灌溉式施肥　近年来开展灌溉式施肥研究，尤以与喷灌、滴灌相结合的较多。实践证明，灌溉式施肥供肥及时，肥分分布均匀，既不断伤根系，又保护耕作层土壤结构，节省劳力，肥料利用率又高，尤其是对山地、坡地的成年园和密植园更为适合。

2. 根外追肥

根外追肥又称叶面喷肥，是利用叶片、嫩叶及果实有吸收肥料的能力，将液体肥料喷于树体的施肥方法。葡萄叶片受肥面广，叶面追肥用量少，见效快，能避免一些肥料元素在土壤中被固定，且可与喷药结合在一起，省工省时，是葡萄上常用的施肥方法。主要用于新梢加速生长、开花期、坐果期、浆果膨大期，可加速新梢成熟、促进果实着色、提高浆果品质、增强树体抗性等。叶面追肥虽有许多优点，但不能代替土壤施肥，土壤施肥能供给葡萄不同生长期对各种养分较长久性的需求，而叶面喷肥仅仅是土壤施肥的补充。因此，正确的施肥制度是以土壤施肥为主，叶面喷肥为辅，相互补充，才能发挥施肥的最大效益。

3. 葡萄合理施肥建议

（1）亩产 500～1000kg 的低产果园　亩施腐熟优质有机肥 1000～1500kg，氮肥（N）9～10kg，磷肥（P_2O_5）7～9kg，钾肥（K_2O）11～13kg。

（2）亩产 1500～2000kg 的中产果园　亩施腐熟优质有机肥 1500～2500kg，氮肥（N）11～13kg，磷肥（P_2O_5）9～11kg，钾肥

(K_2O)13～15kg。

(3) 亩产 2500～3500kg 的高产果园　亩施腐熟优质有机肥 2500～3000kg，氮肥(N)12～15kg。磷肥(P_2O_5)11～13kg，钾肥(K_2O)15～18kg。

第三节　叶面肥的使用

一、叶面追肥的作用

叶面追肥是葡萄上常用且行之有效的施肥方法。这种方法受肥面广，肥效迅速，可使叶片增厚、叶色加浓，提高葡萄叶片呼吸作用和酶的活性，因而可改善根系营养状况，促进根系发育，增强吸收能力。叶面追肥对提高葡萄产量、改善果实品质等具有良好的效果，但不同肥料种类肥效也不一样。叶面追肥具有简单易行、用肥经济、效果迅速、能与某些农药混用等优点。特别是在结果多的年份，由于果实对光合产物竞争力强，致使根系生长欠佳，这时如果仅靠一般的土壤施肥，难以满足葡萄生长发育所需，配合叶面喷肥，才能取得良好的效果。在缺乏灌溉条件、根系被害以及果园间作的情况下，它具有重要的作用。一些微量元素，土施易被土壤固定，通过叶面喷施会收到很好的效果。

二、叶面追肥的肥料种类和浓度

适于叶面追肥的肥料种类很多，一般情况下包括一般化肥，如作氮肥的硝酸铵、尿素、硫酸铵等，其中应用最多且效果最好的是尿素。作为磷肥的有磷酸二氢钾和过磷酸钙。钾肥有硫酸钾、磷酸二氢钾，其中磷酸二氢钾应用最广，效果也最好。另外，包括硼砂、硼酸、硫酸亚铁、硫酸锰和硫酸锌等微量元素肥料。

常用的氮肥有 0.2%～0.4%尿素溶液、0.3%～0.5%硫酸铵溶液。磷肥为 2%～3%过磷酸钙浸出液。钾肥有 0.4%～0.5%硫酸钾溶液、1%硝酸钾溶液。磷酸二氢钾为磷钾复合肥，喷施浓度为0.2%～0.3%的稀释液。草木灰也是很好的钾肥源，一般喷施3%的浸出液。微量元素肥料有0.1%～0.2%硼砂或硼酸溶液、0.15%硫酸锌溶液、0.1%硫酸镁溶液、0.1%硫酸亚铁溶液、0.05%～0.1%农用硝酸稀土溶液等（表3-1）。

表3-1 葡萄叶面追肥各种肥料常用浓度表

肥料名称	常用浓度/%	肥料名称	常用浓度/%
尿素	0.1～0.3	硫酸亚铁	0.5～0.6
腐熟人尿	0.5～2.0	硫酸镁	0.2～0.3
硝酸铵	0.05～0.1	硼砂	0.1～0.2
硝酸钾	0.1～0.3	硫酸锰	0.05～0.1
硫酸钾	0.1～0.3	硫酸锌	0.01
磷酸二氢钾	0.2～0.5	钼酸铵	0.01～0.02

三、叶面追肥时期

新梢长至20cm即可喷施，直至8月份。1个月喷施1～2次，全期喷施4～8次。各种叶面肥交替使用，磷酸二氢钾和尿素应混合喷施。最好是在新梢生长前喷施催梢肥，在开花、坐果期喷施稳花稳果肥，在果实膨大期喷施壮果肥。整个生长发育阶段，出现缺素症状时，应及时对症喷肥矫治。就肥料品种而言，因生育期不同需要有所侧重，萌芽、展叶至开花前后，宜喷氮肥。从春季新梢开始生长至浆果成熟期，尤其是旺长期至浆果膨大期，喷施磷、钾肥效果显著。浆果变软初期喷施稀土微肥的作用大。具体来说，主要的时期如下（表3-2）：

1. 发芽后至开花前

主要是促进叶片与新梢生长，以喷施氮肥为主。如0.3%～0.5%尿素溶液、0.3%～0.5%硫酸铵溶液、0.3%～0.5%硝酸铵溶液、0.3%尿素+0.3%磷酸二氢钾的复合液肥。

表 3-2　常用叶面喷肥的时间及作用

肥料名称	使用浓度/%	时间	作用
硼砂	0.1～0.3	开花前	提高坐果率
硼酸	0.05～0.1	开花前	提高坐果率
尿素	0.2～0.3	生长前期	补充氮素，促进生长
磷酸二氢钾	0.2～0.5	浆果膨大期	提高浆果品质
磷酸二氢铵	0.5～1	生长期	补充氮素，促进生长
草木灰浸出液	5～10	着色期	提高浆果品质
过磷酸钙浸出液	2	着色期	提高浆果品质
微量元素肥料	0.1～1	生长期	补充微量元素
硫酸锌	0.01	萌芽前	防止小叶病
硫酸亚铁	0.2～0.5	萌芽前	防止黄叶病
硝酸钙	2～3	坐果期	增加果实硬度
细胞分裂素	600～800 倍液	坐果期	增加果实体积

2. 开花坐果期

主要是促进开花和提高坐果率，可在花前 5～7 天喷 0.1%～0.3%硼砂溶液或 0.05%～0.15%硼酸溶液，花前 1 周、花后 1 周各喷 1 次 0.05%～0.2%硫酸锌溶液，还可在开花期、落花后各喷 1 次 0.03%～0.07%稀土微肥。

3. 坐果后成熟前和枝条成熟期

主要是促进果实生长、增加果实含糖量、防止果实“水灌”、促进光合作用、延长叶片寿命、促进枝条成熟和提高植株抗病力。该时期的根外追肥以磷、钾肥为主，配施氮肥。

叶面施肥应选在无风的阴天或晴天，晴天则宜在上午 10 时以前或下午 5 时以后进行。两次叶面追肥的时间间隔一般为 15 天左右。叶面喷肥受风、气温、湿度的影响，在一定的范围内，温度越高，叶片吸收越快；湿度越大，吸肥越多；风速越小，肥液在叶面上湿润时间越长，吸收越多，且飘移损失越小。为提高喷肥效果，最好选择在无风的阴天喷施，晴天则宜在温度适宜（18～25℃）、湿度较大、蒸发量较小的早晨或傍晚进行。

四、叶面追肥的方法

葡萄嫩叶角质层比老叶薄，肥液渗透量大。叶背面的气孔比正面多，吸收快。因此，葡萄喷施叶面肥应以嫩梢、幼叶和叶背面为主。喷施力求雾滴细微，以利于均匀密布，喷至叶片全部湿润，肥液欲滴而不下落为限。一般在年生长发育周期内喷施 4～6 次。根据需要可多种肥料混合喷施，也可与农药（包括植物生长调节剂）混喷兼防病虫。

五、叶面追肥的注意事项

（1）在不发生肥害的前提下尽可能使用高浓度，以保证最大限度地满足葡萄对养分的需要。叶面追肥适宜浓度的确定与生育期和气候条件有关，幼叶浓度宜低，成龄叶宜高。降雨多的地区可高，反之要低。

（2）叶面追肥的浓度一般较低，每次的吸收量较少，尿素、磷酸二氢钾之类应增加喷施次数，才能收到理想的效果。尿素应在生长的前期和后期使用，即新梢展叶、开花前、谢花后以及采果后落叶前喷 0.3%溶液 5～6 次。过磷酸钙宜在果实生长初期和采果前喷施，一般可喷 2～3 次。为了提高鲜食葡萄的耐贮性，在采收前 1 个月内可连续喷施 2 次 1%硝酸钙或 1.5%醋酸钙溶液。磷酸二氢钾和草木灰宜在生长中后期喷施，可喷 4～5 次。

（3）必须适时喷施，当葡萄最需某种元素且又缺乏时，喷施该元素最佳。一般在花期需硼量较大，花期喷硼砂或硼酸能显著提高葡萄的坐果率。缺铁时宜在生长前期喷 0.1%硫酸亚铁+0.05%柠檬酸溶液，必要时可喷 2～3 次。缺锰时可在坐果期和果实生长期喷 0.05%硫酸锰溶液。同时，必须确定最佳喷施部位，不同营养元素在体内移动是不相同的，因此，喷布部位应有所不同，特别是微量元素在树体流动较慢，最好直接施于需要的器官上。

（4）要选择适宜的追肥时间，在酷暑喷肥最好选择无风或微风的晴天，上午10时以前或下午5时之后进行喷施。在气温高时叶面追肥雾滴不可过小，以免水分迅速蒸发，湿度较高时根外喷肥的效果较理想。最后，应注意调整溶液的酸碱性，如硼酸为酸性，喷布时要用石灰中和，否则易发生药害。根外追混合肥料或与农药混喷时，要弄清楚肥的酸碱性和药的性质，酸性肥、药不能与碱性肥、药混喷，如各种微肥不能与草木灰混喷，硫酸锌不能与过磷酸钙混合，硫酸铜不能与磷酸二氢钾、重过磷酸钙混喷。为了保险起见，混喷前将要喷的药、肥各取少量溶液混合在一起，看有无沉淀或气泡产生，如果有，表明不能混合施用；如果没有，则可以混合喷施。混合喷施时，药、肥混合液必须随配随用，不能久置。

第四节 施肥误区和安全施肥

一、果树施肥误区

目前果树施肥存在以下几个误区：

1. 施肥点离树干越近越好

施肥时如果离树干过近，会导致伤根烧根现象，效果不好。同时，施肥点距根尖越远，也不利于根系吸收养分。

2. 施肥量越多越好

为了追求产量，盲目多施肥，不是根据肥料的种类、树势强弱、树体大小、产量多少、地力条件等因素综合确定施肥量，结果是树体营养供需不平衡，造成肥害重者烧根死树，轻者病虫害滋生，营养生长和生殖生长失调，只长树叶，而果实较少。

3. 施肥时间按忙闲而定

果树需肥时期是有一定规律的，根据劳动力忙闲施肥的做法是不科学的。如果错过了果树需肥时期施肥，往往收不到预期的效果。

4. 施肥种类随意定

秋季施基肥，有些果农随意用化肥代替有机肥，或者用未经腐熟的作物秸秆代替厩肥等农家肥，如果每年如此，结果是果园土壤肥力下降、树势衰弱、产量降低、果品品质变劣。正确的做法是坚决贯彻有机肥与化肥配合施用的原则，这样不仅有利于果园培肥改土，提高土壤肥力，而且对果树优质高产提供了物质保证。

5. 重地下土壤施肥，轻地上叶面施肥

有些果农习惯于地下土壤施肥，对地上叶面喷肥的作用轻视或认识不够，不能做到地上、地下施肥相结合，结果导致黄叶病、小叶病、缩果病、早期落叶病等生理性病害严重发生，叶片光合功能降低，最终导致产量降低，品质变劣。

二、正确施肥要点

1. 施肥离树远近深浅要适宜

实际上，一般果树水平根的分布是树冠直径的2～4倍。实践证明，苹果、梨、桃、杏等果树开沟或挖穴离树干的距离在树冠垂直投影线的外缘为宜，深度30～40cm。此位置是果树根的集中分布区，养分利用率高。

2. 施肥量因树因地因肥而定

无论是基肥还是追肥、迟效性肥还是速效性肥，其施肥量确定的一般原则是：幼龄小树低于成年大树；未结果或初结果期的树低于盛果期的树；肥力差的果树地应多于较肥沃的果树地。秋施基肥时，厩肥等有机肥的施入量一般每亩不应低于5000kg，同时配施适量的磷、钾化肥或复混肥、专用肥。

3. 施肥时期要按树体需求而定

要根据果树不同的生长发育阶段、树种、品种等因素确定。要按时施肥，不能影响树体营养的供应。北方落叶果树基肥一般宜在

果实采收后或采果前施入。有些地方的果农有在封冻前或春节化冻后施基肥的习惯，这种做法很不科学。实践证明，采果后或果实成熟后期施入基肥，对改善果树叶片光合功能，提高树体营养的贮存水平，增强树体抗逆能力以及提高花芽分化的数量和质量都具有十分重要的意义。

4. 施肥种类要根据果树的需肥特点、肥料的性质而定

果树既需要氮、磷、钾等大量元素肥料，有的也需要钙、镁、硫等中量元素，还需要硼、铁、锌等微量元素肥料。要做到有机肥与化肥配合施用，大量元素肥料与中、微量元素配合施用，才能满足相同果树不同时期的生长发育需要。要改变水果生产中“重视氮磷肥，轻视钾肥，忽视有机肥和微肥”的不科学做法。

5. 土壤施肥应与叶面施肥相结合

通过根系吸收的土壤施肥是施肥的主渠道，叶面喷肥直接喷布于树体，具有节本省工、养分吸收快、利用率高的优点。特别对防治缺铁引起的黄叶病、缺硼引起的缩果病、缺锌引起的小叶病等生理性病害效果明显。

第四章 葡萄园测土配方施肥技术

葡萄园测土配方施肥是葡萄栽培生产中的重要环节之一，也是保证葡萄高产、稳产、优质最有效的农艺措施。由于葡萄营养特点不同于大田作物，更有别于蔬菜作物，因此，葡萄测土配方施肥技术要比大田作物和蔬菜更复杂、更难于操作。近年来，随着科学技术的不断进步和国家政策扶持，我国各地积极开展系统和深入的测土配方施肥技术研究，在葡萄上也取得了一些新突破，为指导果农科学施肥开辟了广阔的前景。

第一节　测土配方施肥的意义

一、测土配方施肥的概念

果园测土配方施肥就是综合运用现代农业科技成果，以果园土壤测试和肥料田间试验为基础，根据果树需肥规律，果园土壤供肥性能和肥料效应，在合理施用有机肥料的前提下，提出氮、磷、钾及中、微量元素的适宜用量和比例、施用时期以及相应的施肥技术。通俗地讲，就是在农业科技人员的指导下科学施用配方肥。果园测土配方施肥技术的核心是调节和解决果树需肥和土壤供肥之间的矛盾，有针对地补充果树所需的营养元素，因缺补缺，实现各种养分的平衡供应，满足果树的需要。

二、果树测土配方施肥的必要性

果树在每年和一生的生长发育中需要几十种营养元素，每种元素都有各自的功能，不能相互代替，缺一不可，因此，施肥必须实现全营养。果树是多年生作物，一旦定植即在同一地方生长几年至几十年，必然引起土壤中各种营养元素的不平衡，因此，必须通过施肥来调节营养的平衡关系。

果树对肥料的利用遵循“最低养分律”。即在全部营养元素中当某一种元素的含量低于标准值时，这一元素即成为果树发育的限制因子，其他元素再多也难以发挥作用，甚至产生毒害，只有补充这种缺乏的元素，才能达到施肥的效果。多年生的果树对肥料的需求是连续的、不间断的，不同树龄、不同土壤、不同树种对肥料的需求是有区别的。因此，不能千篇一律采用某种固定成分的肥料。

目前果树施肥多凭经验施用，施量过少，达不到应有的增产效果；肥料用多了，不仅是种浪费，还污染土壤。果树的重茬和缺素症的重要原因之一即是土壤营养元素的不平衡。即使施用复合肥，由于复合肥专一性差，也达不到平衡施肥的目的，传统的施肥带有很大的盲目性，难以实现科学施肥的效果。

第二节　测土配方施肥的基本原理

测土配方施肥是以养分归还（补偿）学说、最小养分律、同等重要律、不可代替律、肥料效应报酬递减律和因子综合作用律等理论为依据，以确定不同养分的施肥总量和配比为主要内容。为了充分发挥肥料的最大增产效益，施肥必须与选用良种、肥水管理、种植密度、耕作制度和气候变化等影响肥效的诸因素结合，形成一套完整的施肥技术体系。

一、养分归还（补偿）学说

作物产量的形成有40%～80%的养分来自土壤，但不能把土壤看作一个取之不尽、用之不竭的“养分库”。为保证土壤有足够的养分供应容量和强度，保持土壤养分的输出与输入间的平衡，必须通过施肥这一措施来实现。依靠施肥，可以把作物吸收的养分“归还”土壤，确保土壤肥力。

二、最小养分律

作物生长发育需要吸收各种养分，但严重影响作物生长、限制作物产量的是土壤中那种相对含量最小的养分因素，也就是最缺的那种养分（最小养分）。如果忽视这个最小养分，即使继续增加其他养分，作物产量也难以再提高。只有增加最小养分的量，产量才能相应提高。经济合理的施肥方案，是将作物所缺的各种养分同时按作物所需比例相应提高，作物才会高产。

三、同等重要律

对农作物来讲，不论是大量元素或是微量元素，都是同样重要缺一不可的，即缺少某一种微量元素，尽管它的需要量很少，仍会影响某种生理功能而导致减产，如玉米缺锌导致植株矮小而出现花白苗，水稻苗期缺锌造成僵苗，棉花缺硼使得蕾而不花。微量元素与大量元素同等重要，不能因为需要量少而忽略。

四、不可代替律

作物需要的各种营养元素，在作物内都有一定功效，相互之间不能替代。如缺磷不能用氮代替，缺钾不能用氮、磷配合代替。缺少什么营养元素，就必须施用含有该元素的肥料进行补充。

五、报酬递减律

从一定土地上所得的报酬，随着向该土地投入的劳动和资本量的增大而有所增加，但达到一定水平后，随着投入的单位劳动和资本量的增加，报酬的增加却在逐步减少。当施肥量超过适量时，作物产量与施肥量之间的关系就不再是曲线模式，而呈抛物线模式了，单位施肥量的增产会呈递减趋势。

六、因子综合作用律

作物产量高低是由影响作物生长发育诸因子综合作用的结果，但其中必有一个起主导作用的限制因子，产量在一定程度上受该限制因子的制约。为了充分发挥肥料的增产作用和提高肥料的经济效益，一方面，施肥措施必须与其他农业技术措施密切配合，发挥生产体系的综合功能；另一方面，各种养分之间的配合作用，也是提高肥效不可忽视的问题。

第三节 测土配方施肥的技术环节

测土配方施肥技术包括田间试验、土壤测试、配方设计、校正试验、配方加工、示范推广、宣传培训、效果评价、技术创新等重点内容。

1. 田间试验

田间试验是获得作物最佳施肥量、施肥时期、施肥方法的根本途径，也是筛选、验证土壤养分测试技术、建立施肥指标体系的基本环节。通过田间试验，掌握各个施肥单元不同作物的优化施肥量，基肥和追肥的分配比例，施肥时期和施肥方法；摸清土壤养分校正系数、土壤供肥量、作物需肥参数和肥料利用率等基本数据；

构建作物施肥模型，为施肥分区和肥料配方提供依据。

2. 土壤测试

土壤测试是制定肥料配方的重要依据之一。随着我国种植业结构的不断调整，高产作物品种不断涌现，施肥结构和数量发生了很大的变化，土壤养分分布也发生了明显改变。通过开展土壤养分（包括大、中、微量元素）测试，了解土壤供肥能力状况。

3. 配方设计

肥料配方设计是测土配方施肥工作的核心。通过总结田间试验、土壤养分数据等，划分不同区域施肥分区；同时，根据气候、地貌、土壤、耕作制度等的相似性和差异性，结合专家经验，提出不同作物的施肥配方。

4. 校正试验

为保证肥料配方的准确性，最大限度地减少配方肥批量生产和大面积应用中存在的风险，在每个施肥分区单元设置配方施肥、习惯施肥和空白不施肥三个处理，以当地主要作物及主栽品种为研究对象，对比配方施肥的增产效果，校验施肥参数，验证并完善肥料配方，改进测土配方施肥技术参数。

5. 配方加工

配方落实到农户田间是提高和普及测土配方施肥技术的最关键环节。目前，主要运作模式是市场化运作、工厂化加工、网络化经营。这种模式适应我国农村农民科技素质不高、土地经营规模小、技物分离的现状。

6. 示范推广

通过示范让农民亲眼看到实际效果，才能使测土配方施肥技术真正落实到田间。因此，建立测土配方施肥示范区，为农民创建窗口，树立样板，全面展示测土配方施肥技术效果，是推广前要做的重要工作。

7. 宣传培训

测土配方施肥技术宣传培训是提高农民科学施肥意识、普及技术的重要手段。要利用一切措施向农民传授科学施肥的方法、技术和模式，同时还要加强各级技术人员、肥料生产企业、肥料经销商及相关领导的系统培训，逐步建立技术人员和肥料商持证上岗制度。

8. 效果评价

农民是测土配方施肥技术的最终执行者和落实者，也是最终受益者。为了科学地评价测土配方施肥的实际效果，需要对一定区域进行动态调查，及时获得农民的反馈信息，检验测土配方施肥的实际效果，从而不断完善管理体系、技术体系和服务体系。

9. 技术创新

技术创新是保证测土配方施肥工作长效性的科技支撑。需要重点开展田间试验方法、土壤养分测试技术、肥料配制方法、数据处理方法等方面的创新研究工作，从而不断地提高测土配方施肥技术水平。

10. 研发专家咨询系统

结合当地多年土壤墒情监测、肥料试验等资料，综合众多农业专家的知识和经验，应用 PHP＋MXSQL 语言及数据库技术，研发具有知识库、数据库、模型库的测土配方施肥智能化专家系统。并在示范点、样板田上应用推广，在示范推广中对各专家系统逐步进行补充和完善，使该系统具有可操作性和实用性。

第四节　测土配方施肥的基本方法

一、基于田块的肥料配方设计

基于田块的肥料配方设计首先确定氮、磷、钾养分的用量，然后确定相应的肥料组合，通过提供配方肥料或发放配肥通知单，指导农民使用。肥料用量的确定方法主要包括土壤与植物测试推荐施肥方法、肥料效应函数法、土壤养分丰缺指标法和养分平衡法。

1. 土壤与植物测试推荐施肥方法

该技术综合了目标产量法、养分丰缺指标法和作物营养诊断法的优点。对于大田作物，在综合考虑有机肥、作物秸秆应用和管理措施的基础上，根据氮、磷、钾和中、微量元素养分的不同特征，采取不同的养分优化调控与管理策略。其中，氮肥推荐根据土壤供氮状况和作物需氮量，进行实时动态监测和精确调控，包括基肥和追肥的调控；磷、钾肥通过土壤测试和养分平衡进行监控；中、微量元素采用因缺补缺的矫正施肥策略。该技术包括氮素实时监控、磷钾养分恒量监控和中、微量元素养分矫正施肥技术。

（1）氮素实时监控施肥技术　根据不同土壤、不同作物、不同目标产量确定作物需氮量，以需氮量的30%～60%作为基肥用量。具体基施比例根据土壤全氮含量，同时参照当地丰缺指标来确定。一般在全氮含量偏低时，采用需氮量的50%～60%作为基肥；在全氮含量居中时，采用需氮量的40%～50%作为基肥；在全氮含量偏高时，采用需氮量的30%～40%作为基肥。30%～60%基肥比例可根据上述方法确定，并通过“3414”田间试验进行校验，建立当地不同作物的施肥指标体系。有条件的地区可在播种前对0～20cm土壤无机氮（或硝态氮）进行监测，调节基肥用量。

$$\text{基肥用量(kg/亩)}=\frac{\text{(目标产量需氮量}-\text{土壤无机氮)}\times(30\%\sim60\%)}{\text{肥料中养分含量}\times\text{肥料当季利用率}}$$

其中：土壤无机氮(kg/亩)＝土壤无机氮测试值(mg/kg)×0.15×校正系数。

氮肥追肥用量推荐以作物关键生育期的营养状况诊断或土壤硝态氮的测试为依据，这是实现氮肥准确推荐的关键环节，也是控制过量施氮或施氮不足、提高氮肥利用率和减少损失的重要措施。测试项目主要是土壤全氮含量、土壤硝态氮含量或小麦拔节期茎基部硝酸盐浓度、玉米最新展开叶叶脉中部硝酸盐浓度，水稻采用叶色卡或叶绿素仪进行叶色诊断。

（2）磷钾养分恒量监控施肥技术　根据土壤有（速）效磷、钾含量水平，以土壤有（速）效磷、钾养分不成为实现目标产量的限制因子为前提，通过土壤测试和养分平衡监控，使土壤有（速）效磷、钾含量保持在一定范围内。对于磷肥，基本思路是根据土壤有效磷测试结果和养分丰缺指标进行分级，当有效磷水平处在中等偏上时，可以将目标产量需要量（只包括带出田块的收获物）的100％～110％作为当季磷肥用量；随着有效磷含量的增加，需要减少磷肥用量，直至不施；随着有效磷含量的降低，需要适当增加磷肥用量，在极缺磷的土壤上，可以施到需要量的150％～200％。在2～3年后再次测土时，根据土壤有效磷和产量的变化再对磷肥用量进行调整。钾肥首先需要确定施用钾肥是否有效，再参照上面方法确定钾肥用量，但需要考虑有机肥和秸秆还田带入的钾量。一般大田作物磷、钾肥料全部作基肥。

（3）中、微量元素养分矫正施肥技术　中、微量元素养分的含量变幅大，作物对其需要量也各不相同。主要与土壤特性（尤其是母质）、作物种类和产量水平等有关。矫正施肥就是通过土壤测试，评价土壤中、微量元素养分的丰缺状况，进行有针对性的因缺补缺施肥。

2. 肥料效应函数法

根据“3414”方案田间试验结果建立当地主要作物的肥料效应函数，直接获得某一区域、某种作物的氮、磷、钾肥料的最佳施用量，为肥料配方和施肥推荐提供依据。

3. 土壤养分丰缺指标法

通过土壤养分测试结果和田间肥效试验结果，建立不同作物、不同区域的土壤养分丰缺指标，提供肥料配方。

土壤养分丰缺指标田间试验也可采用“3414”部分实施方案。“3414”方案中的处理1为空白对照（CK），处理6为全肥区

(NPK)，处理2、4、8为缺素区（即PK，NK和NP)。收获后计算产量，用缺素区产量占全肥区产量百分数即相对产量的高低来表达土壤养分的丰缺情况。相对产量低于50%的土壤养分为极低，相对产量50%～60%（不含）为低，60%～70%（不含）为较低，70%～80%（不含）为中，80%～90%（不含）为较高，90%（含）以上为高，从而确定适用于某一区域、某种作物的土壤养分丰缺指标及对应的肥料施用数量。对该区域其他田块，通过土壤养分测试，就可以了解土壤养分的丰缺状况，提出相应的推荐施肥量。

4. 养分平衡法

(1) 基本原理与计算方法　根据作物目标产量需肥量与土壤供肥量之差估算施肥量，计算公式为：

$$施肥量(kg/亩)=\frac{目标产量所需养分总量-土壤供肥量}{肥料中养分含量\times肥料当季利用率}$$

养分平衡法涉及目标产量、作物需肥量、土壤供肥量、肥料利用率和肥料中有效养分含量五大参数。土壤供肥量即为“3414”方案中处理1的作物养分吸收量。目标产量确定后因土壤供肥量的确定方法不同，形成了地力差减法和土壤有效养分校正系数法两种。

地力差减法是根据作物目标产量与基础产量之差来计算施肥量的一种方法。其计算公式为：

$$施肥量（kg/亩）=\frac{（目标产量-基础产量）\times单位经济产量养分吸收量}{肥料中养分含量\times肥料利用率}$$

式中，基础产量即为“3414”方案中处理1的产量。

土壤有效养分校正系数法是通过测定土壤有效养分含量来计算施肥量。其计算公式为：

$$施肥量(kg/亩)=\frac{(作物单位产量养分吸收量\times目标产量)-土壤测试值\times0.15\times土壤有效养分校正系数}{肥料中养分含量\times肥料利用率}$$

（2）有关参数的确定

① 目标产量　可采用平均单产法来确定。平均单产法是利用施肥区前3年平均单产和年递增率为基础确定目标产量，其计算公式是：

$$目标产量(kg/亩)=(1+递增率)\times 前3年平均单产(kg/亩)$$

一般粮食作物的递增率为10%～15%，露地蔬菜为20%，设施蔬菜为30%。

② 作物需肥量　通过对正常成熟的农作物全株养分的分析，测定各种作物百千克经济产量所需养分量，乘以目标产量即可获得作物需肥量。

$$作物目标产量所需养分量(kg)=\frac{目标产量(kg)}{100}\times 百千克产量所需养分量(kg)$$

③ 土壤供肥量　可以通过测定基础产量、土壤有效养分校正系数两种方法估算。

通过基础产量估算（处理1产量）：不施肥区作物所吸收的养分量作为土壤供肥量。

$$土壤供肥量(kg)=\frac{不施肥区农作物产量(kg)}{100}\times 百千克产量所需养分量(kg)$$

通过土壤有效养分校正系数估算：将土壤有效养分测定值乘以一个校正系数，以表达土壤"真实"供肥量。该系数称为土壤有效养分校正系数。

$$土壤有效养分校正系数(\%)=\frac{缺素区作物地上部分吸收该元素量(kg/亩)}{该元素土壤测定值(mg/kg)\times 0.15}$$

④ 肥料利用率　一般通过差减法来计算。利用施肥区作物吸收的养分量减去不施肥区农作物吸收的养分量，其差值视为肥料供应的养分量，再除以所用肥料养分量就是肥料利用率。

$$肥料利用率(\%)=\frac{施肥区农作物吸收养分量(kg/亩)-缺素区农作物吸收养分量(kg/亩)}{肥料施用量(kg/亩)\times 肥料中养分含量(\%)}\times 100\%$$

以计算氮肥利用率为例来进一步说明上述公式。

施肥区（NPK 区）农作物吸收养分量（kg/亩）：“3414”方案中处理 6 的作物总吸氮量；

缺氮区（PK 区）农作物吸收养分量（kg/亩）：“3414”方案中处理 2 的作物总吸氮量；

肥料施用量（kg/亩）：施用的氮肥用量；

肥料中养分含量（%）：施用的氮肥所标明的含氮量。

如果同时使用了不同品种的氮肥，应计算所用的不同氮肥品种的总氮量。

⑤ 肥料养分含量　供施肥料包括无机肥料与有机肥料。无机肥料、商品有机肥料含量按其标明量，不明养分含量的有机肥料养分含量可参照当地不同类型有机肥养分平均含量获得。

二、县域施肥分区与肥料配方设计

在 GPS 定位土壤采样与土壤测试的基础上，综合考虑行政区划、土壤类型、土壤质地、气象资料、种植结构和作物需肥规律等因素，借助信息技术生成区域性土壤养分空间变异图和县域施肥分区图，优化设计不同分区的肥料配方。主要工作步骤如下：

（1）确定研究区域　一般以县级行政区域为施肥分区和肥料配方设计的研究单元。

（2）GPS 定位指导下的土壤样品采集　土壤样品采集要求使用 GPS 定位，采样点的空间分布应相对均匀，如每 100 亩采集一个土壤样品，先在土壤图上大致确定采样位置，然后在标记位置附近的一个采集地块上采集多点混合土样。

（3）土壤测试与土壤养分空间数据库的建立　将土壤测试数据和空间位置建立对应关系，形成空间数据库，以便能在 GIS 中进行分析。

（4）土壤养分分区图的制作　基于区域土壤养分分级指标，以 GIS 为操作平台，使用 Kriging 等方法进行土壤养分空间插值，制作土壤养分分区图。

（5）施肥分区和肥料配方的生成　针对土壤养分的空间分布特征，结合作物养分需求规律和施肥决策系统，生成县域施肥分区图和分区肥料配方。

（6）肥料配方的校验　在肥料配方区域内针对特定作物，进行肥料配方验证。

第五节　配方肥料的合理施用

在养分需求与供应平衡的基础上，坚持有机肥料与无机肥料相结合；坚持大量元素与中量元素、微量元素相结合；坚持基肥与追肥相结合；坚持施肥与其他措施相结合。在确定肥料用量和肥料配方后，合理施肥的重点是选择肥料种类、确定施肥时期和施肥方法等。

1. 配方肥料种类

根据土壤性状、肥料特性、作物营养特性、肥料资源等综合因素确定肥料种类，可选用单质或复混肥料自行配制配方肥料，也可直接购买配方肥料。

2. 施肥时期

根据肥料性质和植物营养特性，适时施肥。植物生长旺盛和吸收养分的关键时期应重点施肥，有灌溉条件的地区应分期施肥。对作物不同时期的氮肥推荐量的确定，有条件区域应建立并采用实时监控技术。

3. 施肥方法

常用的施肥方式有撒施后耕翻、条施、穴施等。应根据作物种类、栽培方式、肥料性质等选择适宜施肥方法。例如氮肥应深施覆土，施肥后灌水量不能过大，否则造成氮素淋洗损失；水溶性磷肥应集中施用，难溶性磷肥应分层施用或与有机肥料堆沤后施用；有机肥料要经腐熟后施用，并深翻入土。

第六节　葡萄测土配方施肥技术

葡萄测土配方施肥技术，是在对目标地块进行土壤化验的基础上，结合本地的气候特点、葡萄的生长习性进行综合分析而确定合理施肥量、施肥方法和施肥时期的一项新型施肥技术，从而可有效地解决果农盲目施肥、过量施肥造成的葡萄品质下降和环境污染问题，达到提高品质、降低成本、保护环境、做优做精主导产业的目的。葡萄测土配方施肥包括以下操作步骤。

一、取土样

根据地块形状、大小、土壤肥力的均匀程度，可采用对角线采样法、棋盘式采样法或蛇形采样法，每块地采集10～15个点，混合后用四分法多次淘汰多余的土样（方法是将采集的土壤样品放在盘子里或塑料布上，弄碎、混匀，铺成四方形，画对角线将土样分成4份，把对角的2份分别合并成1份，保留1份，弃去1份。如果所得的样品依然很多，可再用四分法处理，直至所需数量为止）。最后以每个土样达到1kg为宜。

二、化验

将取回的土样风干后进行化验，一般要化验土样中的有机质、全氮、碱解氮、速效磷、速效钾、pH值等。

三、制定施肥配方

葡萄施肥配方的制定是一项技术复杂的工作，必须由既有实践经验，又有理论基础的葡萄栽培专家来承担。葡萄施肥配方的制定是以养分归还（补偿）学说、最小养分律、同等重要律、不可代替律、肥料效应报酬递减律和因子综合作用律等为理论依据，以确定不同养分的施肥总量和配比为主要内容。包括肥水管理、种植密度、耕作制度和气候变化等影响肥效的诸因素结合，形成一套完整的施肥技术体系。目标产量配方法是依据葡萄产量的构成，由土壤和肥料两个方面供给养分的原理计算肥料施用量的。目标产量确定后，计算葡萄需要吸收多少养分而决定肥料施用量。

1. 确定目标产量

根据土壤养分状况、质地、灌水条件、葡萄品种等因素来确定葡萄的目标产量，为保证葡萄品质，鲜食葡萄一般每亩不超过2500kg，酿酒葡萄一般每亩不超过1500kg。

2. 根据目标产量确定施肥量

按每生产100kg葡萄，需氮0.6kg、五氧化二磷0.5kg、氧化钾0.8kg计算全年需氮、磷、钾肥量和全年氮、磷、钾总施用量。

全年总施肥量＝全年总需肥量－土壤供肥量

土壤供肥量＝土壤养分测定值×0.15×0.4

根据葡萄的需肥特点，坚持以有机肥为主的原则。按有机肥养分占总施肥量60%，计算有机肥的施用量（一般有机肥的养分含量为氮0.2%、五氧化二磷0.2%、氧化钾0.25%）及氮、磷、钾肥的施用量。

有机肥施用量＝（葡萄全年氮肥施肥量×0.6）÷0.2%

葡萄氮肥施肥量＝（葡萄全年氮肥总施肥量－有机肥施用量×0.2%）÷（氮肥养分含量×0.35）

葡萄磷肥施肥量＝（葡萄全年磷肥总施肥量－有机肥施用量×0.2%）÷（磷肥养分含量×0.30）

葡萄钾肥施肥量＝（葡萄全年钾肥总施肥量－有机肥施用量×0.25%）÷（钾肥养分含量×0.40）

四、校正试验

为保证肥料配方的准确性，最大限度地减少配方肥料批量生产和大面积应用的风险，在每个施肥分区单元设置配方施肥、果农习惯施肥、空白施肥3个处理，以当地主栽品种为研究对象，对比配方施肥的增产效果，校验施肥参数，验证并完善肥料配方，改进测土配方施肥技术参数。

五、示范推广

建立测土配方施肥示范区，树立样板，全面展示测土配方施肥技术效果，是推广前要做的工作。大面积推广配方施肥技术，有利于达到最适宜的施肥量，产生最高效的收成。

六、效果评价

检验测土配方施肥的实际效果，及时获得反馈信息，不断完善管理体系、技术体系和服务体系。同时，为科学地评价测土配方施肥的实际效果，必须对一定的区域进行动态调查。

测土配方施肥的科学性与可行性不容置疑，但从技术实施的角度来说，目前我国测土配方施肥工作远没有落实到实处，在很大程度上并没有解决配方与施肥断档的问题。多年的生产实践告诉我们，要解决配方与施肥断档的问题，必须建立健全统一测土、统一配方、统一供肥、统一实施社会化服务体系。科学施肥工作还有很长的路要走，只有各部门、各行业的人士共同努力，才能完成如此艰巨而长期的任务。

第五章 葡萄病害

我国葡萄病害有40多种，比较常见的有20多种，不同果园常年需要防治的累计有8～10种，其中主要病害4～6种（霜霉病、白腐病、黑痘病、穗轴褐枯病等）。其他许多病害均属偶发性病害或零星发生病害，一般不需防治或不需单独防治，在防治主要病害时考虑兼治即可。

第一节 霜霉病

葡萄霜霉病在我国各葡萄产区均有发生，为葡萄的重要病害之一。病害严重时，病叶焦枯早落、病梢生长停滞、严重削弱树势，对产量和品质影响很大。

为害症状 霜霉病可为害葡萄的所有绿色幼嫩组织，如叶片、花蕾穗、果穗、嫩梢、卷须等，有时也可导致老叶发病，其主要症状特点是在病部表面产生白色霜霉状物。发病严重时，常造成大量落叶、落果。

（1）叶片 以幼嫩叶片受害最重。初期先在叶片背面看到白色霜霉状物，正面无异常表现；随病情发展，叶正面逐渐出现黄褐色病斑（图 5-1），边缘不明显，叶背白色霜霉状物常布满叶片大部甚至整个叶背（图 5-2）；随后，病部变黄枯死，多成多角形病斑；严重时，病叶焦枯、卷缩，甚至脱落，造成早期落叶。有时老叶也可受害，多在叶背面产生比较密厚的白色霜霉状物，且霉状物斑块较小，多呈多角形，风吹霜霉状物可以产生“白烟”；相对应叶正面出现多角形褪绿黄斑，或变褐枯死；有时霉状物也可产生在变褐枯死的组织上。严重时，白色霜霉状物也可在叶片正面产生，但量少且少见。

（2）花蕾及幼穗轴　初期表面呈淡褐色病变，边缘不明显，而后表面逐渐产生较长的白色霜霉状物，后期花蕾变淡褐色萎蔫。果穗受害，多从穗轴及果柄开始发生，初期穗轴及果柄变淡褐色，其表面逐渐产生较稀疏的白色霜霉状物；幼果粒受害，表面多先产生白色霜霉状物，而后变浅褐色至褐色，凹陷皱缩，甚至脱落。

（3）果粒　膨大期果粒受害，多从果柄基部开始发病，初为褐色病斑，后逐渐皱缩凹陷，边缘不明显，病斑表面可产生稀疏的白色霜霉状物，病粒容易脱落（图 5-3）；中后期果粒受害，亦多从果柄基部开始发生，形成边缘不明显的褐色凹陷病斑，表面一般不产生霜霉状物，病粒容易脱落，或干缩在果穗上。

（4）嫩梢　初期呈浅黄色水渍状病斑，渐变为黄褐色至黑褐色，病部稍凹陷，潮湿时表面产生稀疏的白色霜霉状物。病梢生长停滞，扭曲变形，甚至枯死。

发病规律　病菌主要以卵孢子在病残体或随病残体在土壤中越冬，在土壤中可存活 2 年以上。温暖地区也可以菌丝体在枝条、幼芽中越冬。来年环境条件适宜时，卵孢子或菌丝体萌发产生孢子囊，再以孢子囊内产生的游动孢子借风雨传播。

温湿度条件对发病和流行影响很大。葡萄霜霉病多在秋季发生，是葡萄生长后期的病害，冷凉潮湿的气候有利于发病。

孢子囊形成的温度范围为 5～27℃，最适为 15℃，RH（相对湿度）要求在 95％～100％；孢子囊萌发的温度范围为 12～30℃，最适温度为18～24℃，须有液态水。因此，在少风、多雨、多雾或多露的情况下最适发病。阴雨连绵除有利于病原菌孢子的形成、萌发和侵入外，还刺激植株产生易感病的嫩叶和新梢。

病害的发生发展还同果园环境和寄主状况有关。果园的地势低洼，植株密度过大，棚架过低，通风透光不良，树势衰弱，偏施、迟施氮肥使秋季枝叶过分茂密等有利于病害的发生流行。

葡萄细胞液中钙/钾比例也是决定抗病力的重要因素之一，含钙多的葡萄抗病能力强。植株幼嫩部分的钙/钾比例比成龄部分小，因此，嫩叶和新梢容易感病。含钙量与品种的吸收能力及土壤、肥料中的钙含量有关。

防治方法　霜霉病防治以药剂防治为主，及时摘心、促进果园通风透光、降低小气候湿度为辅，且药剂防治时必须喷药及时、均匀周到。在采用抗病品种的基础上，配合清洁果园、加强栽培管理和药剂保护等综合防治措施。

(1) 选用抗病品种　美洲系统品种较抗病，欧亚系统品种较感病。抗病品种有康拜尔、北醇等。中抗品种有巨峰、先锋、早生高墨、龙宝、红富士、黑奥林、高尾等巨峰系列品种。新玫瑰香、甲州、甲斐路、粉红玫瑰、里查玛特及我国的山葡萄等为感病品种等。

(2) 搞好果园卫生，减少越冬菌源　落叶后先树上后树下彻底清扫落叶、落果，集中带到园外烧毁，避免带病落叶及病残体入土越冬。千万不能将病叶埋于葡萄园内。

(3) 加强果园管理　增施有机肥，适当增施钙肥及磷肥，少施氮肥，控制钾肥，提高葡萄抗病能力。及时摘心打杈，清除近地面的枝蔓、叶片，增强园内通风透光，降低小气候湿度，低洼果园注意及时排水、通风散湿，创造不利于病害发生的环境条件。

(4) 喷药防治　药剂防治是目前霜霉病防治的最主要措施，其中最关键环节是首次喷药时间。当昼夜平均气温达13～15℃同时又有雨、露等高湿条件出现时，即为第一次喷药时间。一般从开花前或落花后开始喷药，10 天左右 1 次，连续喷施，直到果实采收或雨、露条件不再出现；若果实采收后雨、露较多，则还需喷药 1～3 次，甚至更多。具体喷药间隔期视降雨情况或湿度条件而定，多雨潮湿时间隔亦短，少雨干旱时间隔可适当延长。

目前防治霜霉病的药剂主要分为保护性杀菌剂和治疗性杀菌剂两大类。常用保护性杀菌剂有 77%硫酸铜钙可湿性粉剂 600～800 倍液、80%波尔多液可湿性粉剂 400～600 倍液、80%代森锰锌可湿性粉剂 600～800 倍液、70%丙森锌可湿性粉剂 400～600 倍液、50%克菌丹可湿性粉剂 600～800 倍液、70%代森联水分散粒剂 600～800 倍液等。常用治疗性杀菌剂有 85%波尔·甲霜灵可湿性粉剂 600～800 倍液、85%波尔·霜脲氰可湿性粉剂 600～800 倍液、72%甲霜·锰锌可湿性粉剂 600～800 倍液、90%三乙膦酸铝可溶性粉剂 600～800 倍液、50%烯酰吗啉水分散粒剂 1500～2000 倍液、72%霜脲·锰锌可湿性粉剂 600～800 倍液、66.8%丙森·缬霉威可湿性粉剂 700～1000 倍液、60%唑醚·代森联水分散粒剂 1000～1500 倍液、69%烯酰·锰锌水分散粒剂 600～800 倍液等。

第二节 白腐病

葡萄白腐病又称水烂病、穗烂病，是葡萄的重要病害之一。我国北方产区一般年份果实损失率在 15%～20%，病害流行年份果实损失率可达 60%以上。

为害症状 白腐病主要为害果穗，也为害枝梢和叶片等部位。

（1）果穗 一般是从近地面果穗下部开始，逐渐向上蔓延。初期穗轴和果柄上产生淡褐色、水渍状、边缘不明显的病斑，病部皮层腐烂，手捏皮层易脱落，病组织有土腥味；后病斑逐渐向果粒蔓延，导致果粒从基部开始腐烂，病斑无明显边缘，果粒受害初期极易受振脱落，甚至脱落果粒表面无明显异常，只是在果柄处形成离层；重病园地面落满一层果粒；随病斑扩展，整个果粒成褐色软腐；严重时全穗腐烂；后期果柄、穗轴干枯缢缩，不脱落的果粒干缩后呈猪肝色僵果，挂在蔓上长久不落（图 5-4）。随病情发展，病果粒及病穗轴表面逐渐生灰褐色小粒点，粒点上溢出灰白色黏液；黏液多时使果粒似灰白色腐烂，故称其为“白腐病”。严重受害的果园，园外常堆满大量烂果。

（2）枝梢　病斑初呈水渍状，淡褐色至深褐色，不规则形；后病斑沿枝蔓迅速纵向发展，形成长条形病斑，病斑中部呈褐色凹陷，边缘颜色较深。当病斑绕枝蔓一周时，导致上部枝、叶生长衰弱，果粒软化，严重时造成上部枝、叶逐渐变褐枯死；病斑及枝蔓表面密生灰褐色至深褐色小粒点。在较幼嫩枝蔓上的病斑，后期表皮纵裂，与木质部剥离，肉质部分腐烂分解，仅残留维管束，呈“披麻状”，且病部上端愈伤组织多形成瘤状隆起。

（3）叶片　多在叶尖、叶缘处开始，初呈水渍状淡褐色近圆形或不规则形斑点，后逐渐扩大成近圆形褐色大斑，直径多在 2cm 以上，并有同心轮纹；后期病斑干枯易破裂（图 5-5）。病叶保湿，病斑迅速扩大，形成边缘不明显大斑，并在新发展病斑表面散生许多灰褐色小斑点。有时叶柄也可受害，形成淡褐色腐烂病斑。叶片受害，主要发生在老叶上。

发病规律　病菌主要以分生孢子器和菌丝体在病残体和土壤中越冬，病菌在土壤中可存活两年以上，且以表土 5cm 深最多。另外，病菌也可在病枝蔓上越冬，越冬病菌主要靠雨水崩溅传播。受害部位发病后产生的病菌孢子借雨水传播可以进行多次再侵染。白腐病菌主要通过伤口、密腺侵入，一切造成伤口的因素如暴风雨、冰雹、裂果、生长伤等均可导致病害严重发生。在适宜条件下，白腐病的潜伏期最短为 4 天，最长为 8 天，一般 5～6 天。由于该病潜伏期较短，再次侵染次数多，所以白腐病是一种流行性很强的病害。

白腐病主要为害葡萄的老熟组织，属于葡萄中后期病害。果实受害，多从果粒着色前后或膨大后期开始发病，越接近成熟受害越重。

因此，高温高湿的气候条件是该病害发生和流行的主要因素。葡萄生长中后期，每次雨后都会出现一个发病高峰，特别是在暴风雨或冰雹之后，造成大量伤口，病害更易流行。另外，果穗距地面越近，发病越早、越重。据北方葡萄产区统计，50%以上的白腐病果穗发生在距地面80cm以内。

防治方法 防治白腐病为害主要以防止果实受害为主，铲除病菌来源、阻止病菌向上传播、防止果实受伤、喷药保护果实等措施是防治该病的关键。

(1) 加强栽培管理 增施有机肥和磷、钾、钙肥，培育壮树，提高树体的抗病能力。生长季节及时清除病果、病叶、病蔓；秋季采后剪除病枝蔓，清除地面病残组织，带出园外集中销毁；提高结果部位，及时摘心、绑蔓、去副梢，以利通风透光；清除杂草、搞好排水工作，以降低园内湿度。

(2) 铲除越冬病菌 落叶后彻底清除架上、架下的各种病残组织，集中带到园外销毁，千万不能把病残体埋在园内。春季葡萄上架后发芽前，及时喷施1次30%戊唑·多菌灵悬浮剂300～400倍液，或50%福美双可湿性粉剂200～300倍液，铲除附带病菌的枝蔓。

(3) 及时喷药保护 重病园可在发病前地面撒药灭菌。常用药剂为50%福美双可湿性粉剂1份、硫黄粉1份、碳酸钙1份混合均匀，每亩用量1～2kg，或用灭菌丹200倍液喷地面。

从历年发病前7天左右开始喷药，或从果粒开始着色前5～7天或果粒长成该品种应有的大小时开始喷药，以后每10～15天喷药1次，直到采收。常用药剂有80%代森锰锌可湿性粉剂600～800倍液、50%退菌特可湿性粉剂800～1000倍液、30%戊唑·多菌灵悬浮剂800～1000倍液、50%福美双可湿性粉剂600～800倍液、10%苯醚甲环唑水分散粒剂2000～3000倍液、50%多菌灵可湿性粉剂1000倍液、40%氟硅唑乳油6000～8000倍液等。喷药时，如逢雨季，可在配制好的药液中加入0.5%皮胶或其他展着剂，以提高药液的黏着性。

第三节　炭疽病

葡萄炭疽病又名葡萄晚腐病，是影响产量的重要病害，果穗、枝梢和叶片均可受害，近成熟期的果穗被害最重。全国各地均有分布，发病严重年份造成果实大量腐烂。病害引起的损失，因地区、年份和品种感病性的不同而异，以高温多雨的地区为重。

为害症状　葡萄炭疽病发生在果粒、穗轴、花穗、叶片、卷须和新梢等部位，但主要为害果粒。

（1）果粒　发病初期，幼果表面出现黑色、圆形、蝇粪状斑点，但由于幼果含酸量高、果肉坚硬限制了病菌的生长，病斑在幼果期不扩大，不发展，也不形成分生孢子，病部只限于表皮。果粒典型的发病是从着色期开始，此时果粒柔软多汁，含糖量增加，酸度下降，病斑扩大较快，进入发病盛期。最初在病果表面出现圆形针头大小、浅褐色圆形小斑点，后来斑点不断扩大并凹陷，在表面逐渐长出轮纹状排列的小黑点（分生孢子盘）（图 5-6）。当天气潮湿时，分生孢子盘中可排出绯红色的黏质孢子块，发病严重的果粒软腐易脱落，发病较轻的病果粒多不脱落，整个僵果穗仍挂在枝蔓上，逐渐干枯，最后变成僵果。

（2）叶片与新梢　叶片与新梢的病斑很少见，主要在叶脉与叶柄上出现长圆形、深褐色斑点，表面隐约可见绯红色分生孢子块，但不如果粒明显。有些葡萄品种叶片症状较明显（图 5-7），尤以生长旺盛、叶型较大、较厚的品种为突出，如龙眼、白鸡心等；叶片较少、较薄的品种如玫瑰香发生较少。

（3）果梗及穗轴　果梗及穗轴发病产生深褐色长椭圆形病斑，使整穗果粒干缩，潮湿时病斑表面长出绯红色病原物。当年新梢和结果母枝也发生炭疽病，但无明显症状，只潜伏病原菌。

发病规律　病菌主要以菌丝体在一年生枝蔓表皮、病果或在叶痕处、穗梗及节部等处越冬，尤以近节处的皮层较多。第二年春天降雨时枝条湿润，如果气温高于15℃则形成分生孢子。分生孢子通过风、雨、昆虫等传到果穗上，孢子萌发后直接侵入果皮、皮孔或伤口，引起初侵染。炭疽病菌有潜伏侵染的特性，幼果被侵染后，潜育期长达10～30天，到近成熟时才表现明显的症状，但在近成熟果上侵染的潜育期仅有3～5天。一年中病菌可多次再侵染。果穗发病以第一穗为多，且具有集中发病的特征。病菌也可侵入叶片、新梢、卷须等组织内，但不表现病斑，外观看不出异常，这种带菌的新梢将成为下一年的侵染源。

防治方法 炭疽病防治以套袋配合喷药预防为主，结合铲除越冬病菌。

(1) 消除越冬菌源 结合修剪清除病枝梢、病穗梗、僵果、卷须；扫尽落地的病残体及落叶，集中烧毁。春季葡萄发芽前喷一次45%代森铵200～300倍液或3～5°Bé石硫合剂，以铲除枝蔓上潜伏的病菌，清除初侵染源。

(2) 加强栽培管理 生长期要及时摘心，合理夏剪，适度负载，及时清除剪下的嫩梢和卷须，提高果园的通风透光性，注意中耕排水，尽可能降低园中湿度。科学合理施肥，增施有机肥、钾肥，注意氮、磷、钾的配比，切忌氮肥过多，还要及时补充微量元素，以增强树势、提高抵抗能力。收获后，要及时清除损伤的嫩枝及损伤严重的老蔓，增强园内的透光性。

(3) 喷药保护 坚持“及早预防，突出重点”的原则。以病菌孢子最早出现的日期作为首次喷药的依据。一般从落花后半个月左右开始喷药，前期10～15天喷药1次，果粒将开始转色后或从膨大后期开始10天左右喷药1次，直到果实采收。对炭疽病预防效果好的保护性杀菌剂有25%苯醚甲环唑6000倍液、77%氢氧化铜800倍液、1.5%噻霉酮600倍液、25%溴菌腈800～1000倍液、50%福美砷可湿性粉剂500～800倍液、75%百菌清可湿性粉剂500～800倍液、65%代森锌可湿性粉剂500～600倍液等，进行喷药治疗。

第四节　黑痘病

葡萄黑痘病又名疮痂病，俗称“鸟眼病”。我国葡萄产区均有分布，是葡萄重要病害之一。枝、叶、果均可被害，尤其是果实被害，极大地降低了商品价值。春夏两季多雨潮湿时发病最重，常造成巨大损失。

为害症状　黑痘病主要为害葡萄的绿色幼嫩部分，叶、果实、新梢、卷须均可发病，尤其是幼嫩的组织更易被害，老组织一般不受害。各部位的症状大致相同，最初都是圆形黑褐色小斑点，逐渐扩大成为稍凹陷的椭圆形病斑，长2～5mm，中央部分灰白至褐色，周缘黑褐色似鸟眼状，有时病斑连成一片。

（1）叶片　初为红褐色至黑褐色斑点，周围有黄色晕圈，然后病斑扩大呈圆形或不规则形，中央部分变为灰白色，稍凹陷，边缘褐色或紫色，直径1～4mm，并沿叶脉连串发生。干燥时病斑中央破裂穿孔，但周缘仍保持紫褐色的晕圈，病斑较多时可造成卷叶。叶脉出现梭形凹陷，灰色或灰褐色，边缘暗褐色，组织干枯，常使叶片扭曲、皱缩，枝梢顶部的嫩叶畸形最明显。病斑可相互连接成片，终至全叶干枯。若开花期开始发病，则花变黑枯死，授粉差。

（2）幼果　初为圆形深褐色小斑点，逐渐扩大，中央凹陷呈灰白色，外部仍为深褐色，周围边缘一圈鲜红至紫褐色的轮纹状，直径2～5mm，该病斑极似鸟眼，故又名“鸟眼病”（图5-8）。病斑仅限于果皮，不深入果肉，多个病斑可连接成大斑，后期病斑硬化或皲裂，病果小而酸，失去食用价值，严重时整个果变黑枯死，染病较晚的果粒仍能长大，病斑凹陷不明显，但果味较酸。空气潮湿时，病斑出现乳白色黏状物。

（3）新梢　病斑初为圆形或长圆形斑点，褐色，稍隆起，扩展后成长圆形病斑，中央灰褐色，边缘褐色至深褐色，凹陷，后期病斑中部多开裂，维管束外露，严重时病斑连片，甚至新梢枯死。

(4) 穗轴、叶柄、果梗和卷须　其症状表现与新梢相似，可使全穗发育不良，或使果实干枯、脱落。

发病规律　黑痘病是一种高等真菌性病害，病菌主要在病果、病叶、病枝蔓等病残体上越冬。第二年病菌产生分生孢子，借风雨传播，直接侵染进行为害。潜育期一般为 3～7 天，田间有多次再侵染。带病苗木、插条的调运可以进行远距离传播。

黑痘病主要为害葡萄的幼嫩组织，植株幼嫩生长阶段多雨潮湿有利于病害发生；幼嫩生长阶段干旱少雨或进入雨季后组织已经老熟，则不易发病。一般来说，开花前后至幼果期多雨，黑痘病可能会严重发生。管理粗放、嫩梢处理不及时的果园，可能会发病较重。

防治方法　黑痘病防治以铲除越冬病菌为主，结合喷药防治。

(1) 苗木消毒　由于黑痘病的传播主要通过带病菌的苗木或插条，因此，葡萄园定植时应选择无病的苗木，或进行苗木消毒处理。常用的苗木消毒剂有：①10%～15%的硫酸铵溶液；②3%～5%的硫酸铜溶液；③硫酸亚铁硫酸液（10%的硫酸亚铁加 1%的粗硫酸）；④3～5°Bé 石硫合剂等。方法是将苗木或插条在上述任一种药液中浸泡 3～5min 取出即可定植或育苗。

(2) 彻底清园　由于黑痘病的初侵染主要来自病残体上越冬的菌丝体，因此，做好冬季的清园工作，减少次年初侵染的菌源数量对减缓病情的发展有重要的意义。冬季进行修剪时，剪除病枝梢及残存的病果，刮除病、老树皮，彻底清除果园内的枯枝、落叶、烂果等。然后集中烧毁。再用铲除剂喷布树体及树干四周的土面。常用的铲除剂有：①3～5°Bé 石硫合剂；②80%五氯酚原粉稀释 200～300 倍水，加 3°Bé 石硫合剂混合液；③10%硫酸亚铁加 1%粗硫酸。

(3) 利用抗病品种　不同品种对黑痘病的抗性差异明显，葡萄园定植前应考虑当地生产条件、技术水平，选择适于当地种植，具有较高商品价值，且比较抗病的品种。如巨峰品种，对黑痘病属中抗类型，其他如康拜尔、玫瑰露、白香蕉等也较抗黑痘病，可根据各地的情况选用。

（4）加强管理　除搞好田间卫生，尽量减少菌源外，应抓紧田间管理的各项措施，尤其是合理的肥水管理。葡萄园定植前及每年采收后，都要开沟施足优质的有机肥料，保持强壮的树势；追肥应使用含氮、磷、钾及微量元素的全肥，避免单独、过量施用氮肥，平地或水田改种的葡萄园，要搞好雨后排水，防止果园积水。行间除草、摘心绑蔓等田间管理工作都要做得勤快及时，使园内有良好的通风透光状况，降低田间温度。这些措施都利于增强植株的抗性，而不利于病菌的侵染、生长和繁殖。

（5）药剂防治　常用药剂有30%戊唑·多菌灵悬浮剂800～1000倍液、70%甲基硫菌灵可湿性粉剂800～1000倍液、50%多菌灵可湿性粉剂600～800倍液、10%苯醚甲环唑水分散粒剂2000～2500倍液、80%代森锰锌可湿性粉剂600～800倍液、50%克菌丹可湿性粉剂600～700倍液、25%戊唑醇水乳剂2000～2500倍液、70%丙森锌可湿性粉剂500～600倍液、60%唑醚·代森联水分散粒剂1000～1500倍液等。

第五节　白粉病

葡萄白粉病在全国各产区均有分布，以中部和西北地区发生较重。生长前期白粉病影响坐果和果粒的生长发育；后期引起果粒的开裂，影响生长，降低葡萄的产量与质量及抗寒能力。

为害症状　白粉病主要为害葡萄的叶片、果穗及幼嫩枝蔓等绿色组织，发病后的主要症状特点是在受害部位表面产生一层白粉状物。

（1）叶片　最初失绿，随后在叶片正面产生白色粉斑或灰白色斑块，边缘不明显，大小不等（图5-9）；随病情发展，后期白粉可布满全叶，但白粉状物较薄；有时白粉状物较少，病组织呈淡红褐色。严重时，病叶逐渐卷缩、枯萎而脱落。

(2) 果粒　表面初产生白色粉斑或黑褐色星芒状线纹，继而其上覆盖一层白粉状物，病果粒不易增大，小而味酸，后期易枯萎脱落（图 5-10）。果粒膨大中后期受害，表面多形成黑褐色网状线纹，病果易开裂，有时表面可产生稀疏的白粉，病果生长停滞，发育受阻，逐渐硬化变成畸形。果皮薄的品种，受害后往往果实开裂。

(3) 嫩梢及穗轴　初为灰白色小斑点，不断扩大蔓延，可使全蔓受害。随病势的发展，被害枝蔓逐渐由灰白色变成暗灰色、红褐色，终至黑色。表面多产生黑褐色霉斑或网状线纹，有时其表面也可产生稀疏的白粉。

发病规律　病菌以菌丝体在葡萄冬眠芽内或被害组织内越冬，温室内以菌丝体和分生孢子越冬。越冬后的病菌随葡萄萌芽活动，河北省南部及河南一带在 5 月中上旬产生分生孢子，借风雨传播并进行侵染，5 月中下旬新梢和叶片开始发病，6 月中下旬至 7 月中下旬果粒发病。高温季节或干旱闷热的天气有利于发病，氮肥过多，枝蔓徒长，通风透光不好的发病重。9 月初至 10 月中旬为秋后发病期。欧洲种较感病，而美洲种则较抗病。佳里酿、黑罕、白香蕉、早金黄、潘诺尼亚、龙眼发病较重，巨峰、黑比诺、新玫瑰、尼加拉等较抗病。

防治方法　白粉病防治以铲除越冬菌源和生长期喷药为主。

(1) 加强栽培管理　增施有机肥，壮树防病；及时摘心、绑蔓、去副梢，控制副梢生长，促进通风透光，创造不利于病害发生的环境条件，减少病害发生。

(2) 铲除越冬菌源　结合冬剪，剪除病枝，集中销毁；下架前彻底清扫落叶、落果，集中清出园外烧毁。葡萄上架后、发芽前，喷洒 1 次 3～5°Bé 石硫合剂或 45%石硫合剂晶体 60～80 倍液，杀灭越冬病菌。

(3) 生长期药剂防治　从发病初期开始喷药，10 天左右 1 次，北方葡萄产区连喷 2～3 次，南方葡萄产区连喷 3～4 次，即可有效控制白粉病的发生。常用有效药剂有 25%戊唑醇水乳剂 2000～

2500 倍液、30%戊唑·多菌灵悬浮剂 800～1000 倍液、50%克菌丹可湿性粉剂 600～800 倍液、12.5%烯唑醇可湿性粉剂 2000～2500 倍液、40%腈菌唑可湿性粉剂 6000～8000 倍液、10%苯醚甲环唑水分散粒剂 1500～2000 倍液、40%双胍三辛烷基苯磺酸盐可湿性粉剂 1000～1200 倍液、40%氟硅唑乳油 6000～8000 倍液、25%乙醚酚悬浮剂 800～1000 倍液、15%三唑酮可湿性粉剂1500～2000 倍液等。

第六节　灰霉病

葡萄灰霉病易引起花穗及果实腐烂，该病过去分布不广，很少引起注意。目前我国河北、河南、山东、四川、上海、湖南等地已有发生，有的地区，如上海，在春季是引起花穗腐烂的主要病害之一，流行时感病品种花穗被害率达 70%以上。成熟的果实也常因此病在贮藏、运输和销售期间引起腐烂。

为害症状　主要为害花序、幼小果实和已经成熟的果实；有时亦为害穗轴、叶片及果梗等，该病零星分布于各葡萄产区。在受害部位表面产生一层鼠灰色霉层，霉粉受振易飞散，呈灰色烟雾状，俗称“冒灰烟”。

(1) 花序及果穗　花序和刚落花后的小果穗易受侵染，发病初期被害部位呈淡褐色水渍状，很快变暗褐色，整个果穗软腐，潮湿时病穗上长出一层鼠灰色的霉层，细看时还可见到极微细的水珠，此为病原菌分生孢子，晴天时腐烂的病穗逐渐失水萎缩、干枯脱落。

(2) 新梢及叶片　产生淡褐色、不规则形的病斑。叶片上多从叶缘开始发病，病斑有时出现不太明显轮纹，如果有雨水则形成鼠灰色霉层，后期病斑部破裂（图 5-11）。

(3) 果实及果梗　在成熟果实上，由于生理的或机械的原因造成伤口，病菌由此侵入形成凹陷的病斑，很快整个果实软腐，1～2

天则褐变、腐烂长出灰霉状物，无伤口果粒被感染后形成 1～2mm 的紫褐色斑点 1～10 个，斑点中央呈水渍状软腐，裂皮时则产生灰霉层（图 5-12）。

发病规律 病菌以菌丝体在树皮和冬眠芽上越冬，或以菌核在枝蔓、僵果及土中越冬。翌年春天发芽后形成分生孢子随风飞散传播，从幼嫩组织或伤口处侵入，发病后再形成分生孢子进行再侵染。

多雨、潮湿和较凉的天气条件适宜灰霉病的发生，菌丝的发育以 20～24℃最适宜，因此，春季葡萄花期，不太高的气温又遇上连阴雨天，空气潮湿，最容易诱发灰霉病的流行，常造成大量花穗腐烂、脱落；坐果后，果实逐渐膨大便能很少发病。另一个易发病的阶段是果实成熟期，如天气潮湿亦易造成烂果，这与果实糖分、水分增高、抗性降低有关。

地势低洼，枝梢徒长、郁闭，杂草丛生，通风透光不良的果园，发病也较重；灰霉病菌是弱寄生菌，管理粗放、磷钾肥不足、机械伤、虫害多的果园发病也较重；开花前后低温潮湿时花序发病多；排水不良及温室大棚内的葡萄易患病；夏秋季节如果多雨，湿度变化大造成裂果也容易发病；果实受侵染后，在天气干燥的情况下，菌丝潜伏在体内不发展，亦不产生灰色霉层，它不但对果实无害，反而能降低果实酸度，增加糖分，用这种葡萄酿酒时，由于病菌的作用，有一种特殊的香味，可提高葡萄酒的质量，因此，有人称葡萄灰霉病为“高贵病”。

不同品种对灰霉病的抗性有一定差异。巨峰、新玫瑰、白玫瑰香等为高感品种；玫瑰香、葡萄园皇后、白香蕉等中度抗病；红加利亚、奈加拉、黑罕、黑大粒等高度抗病。

防治方法 灰霉病防治主要以加强果园管理，结合药剂防治为主。

（1）搞好果园卫生　病残体上越冬的菌核是主要的初侵染源，因此，结合其他病害的防治，生长季节，及时剪除病花穗、病幼果穗、病果粒。落叶后，清除树上、树下的病僵果，集中园外销毁，减少越冬菌量。

（2）加强葡萄园管理　增施有机肥及钙、磷、钾肥，控制速效氮肥，防止枝蔓徒长、果实裂果；及时修剪，加强通风透光，降低园内湿度，控制病害发生；合理灌水，防止后期果粒开裂，避免造成伤口。加强虫害防治，减少果实受伤。

（3）药剂防治　开花前后和果实近成熟期至采收是灰霉病药剂防治的两个主要时期。开花前5～7天喷药1次，落花后再喷药1～2次（间隔期7～10天）；套袋果套袋前均匀周到地喷药1次，不套袋果采收前需喷药2次左右（间隔期10天左右）。常用有效药剂有75%异菌·多·锰锌可湿性粉剂600～800倍液、500g/L异菌脲悬浮剂1000～1500倍液、50%异菌脲可湿性粉剂1000～1200倍液、50%腐霉利可湿性粉剂1000～1500倍液、400g/L嘧霉胺悬浮剂1000～1200倍液、50%乙霉·多菌灵可湿性粉剂800～1200倍液、40%双胍三辛烷基苯磺酸盐可湿性粉剂1000～1200倍液、50%嘧菌环胺水分散粒剂800～1000倍液等。

第七节　穗轴褐枯病

穗轴褐枯病也叫轴枯病，主要分布于山东、河北、河南、湖南、上海、辽宁各葡萄产区，为害花序和幼果，在病害流行年份在某些品种上病穗率可高达30%～50%。尤其是巨峰系列葡萄品种发病严重，其幼穗小穗轴和小幼果大量脱落，影响产量和品质。

为害症状　穗轴褐枯病主要为害葡萄的花蕾穗及幼果穗，有时幼果粒也可受害。

（1）花穗及果穗　发病初期先在幼嫩的穗轴上呈淡褐色水渍状斑点，扩展后变为深褐色、稍凹陷的病斑，病害发展很快，最后整个穗轴呈褐色枯死，失水干枯。若小分枝穗轴发病，当病斑环绕一周时，其上面的花蕾或幼果也随之萎缩、干枯脱落，严重时几乎整穗的花蕾或幼果全部脱落（图5-13）。

（2）幼果　幼果表面产生圆形或椭圆形深褐色病斑，直径3mm左右，略凹陷，湿度大时有黑色霉层，即是分生孢子和分生孢子梗。病变仅限于果粒表皮，随果粒膨大，病斑表面呈疮痂状，果粒长成后疮痂脱落，对果实生长影响不大（图5-14）。

发病规律　病菌以分生孢子和菌丝体在结果母枝的鳞片及枝蔓表皮内越冬。第二年春季在萌芽至开花期病菌的分生孢子借助雨或露水侵染花穗，发病后病斑上形成的分生孢子又可以借助风雨进行再侵染。在葡萄上人工接种病菌试验表明，在适宜的条件下从接种到发病的潜育期仅需要2～4天，说明该病的侵染循环非常快，可以很容易地在春季造成多次循环侵染。

该病适宜在比较低温多雨的气候条件下发病。春季低温植株生长缓慢，穗轴老化程度减缓，病害相对严重。随着穗轴的老化，抗病性增强，病害发生也随之缓和。

品种之间的抗病性差异巨大，玫瑰香基本上是免疫的，而巨峰则非常感病。在我国长江中下游一带春季的梅雨季节，非常适宜该病的发生。因此，在这些地区，如果种植巨峰等感病品种，一定要重视对穗轴褐枯病的防治。

防治方法　穗轴褐枯病主要以铲除越冬菌源和喷药相结合进行防治。

（1）加强葡萄园管理　增施有机肥，配方使用氮、磷、钾肥，增强树势，防止徒长，及时修剪，促进通风透光，降低园内湿度等。

（2）铲除树体带菌　在葡萄上架后芽眼萌动前全园喷1次3～5°Bé石硫合剂或45%晶体石硫合剂30倍液、50%福美双可湿性粉剂500～600倍液或75%五氯酚钠100～120倍液，可铲除树体表面的病菌。

（3）喷药防治　在葡萄开花前和落花后，连喷2～3次农药，即可控制该病为害。有效药剂有80%代森锰锌可湿性粉剂600～800倍液、50%克菌丹可湿性粉剂600～700倍液、50%多菌灵可湿性粉剂800～1000倍液、75%百菌清800倍液、70%甲基硫菌灵可湿性粉剂1000倍液，50%异菌脲可湿性粉剂1000～1200倍液、10%苯醚甲环唑水分散粒剂1500～2000倍液等。在开始发病时或花后4～5天喷比久（B_9）500倍液，可促使穗轴木质化，减少落果。

第八节　褐斑病

葡萄褐斑病又称斑点病、褐点病、叶斑病及角斑病，在我国各葡萄产地多有发生，以多雨潮湿的沿海和江南各省发病较多，一般干旱地区或少雨年份发病较轻，管理不好的果园多雨年份后期可大量发病，引起早期落叶，影响树势造成减产。根据病斑的大小和病原菌的不同，褐斑病分为大褐斑病和小褐斑病两种。

为害症状　葡萄褐斑病仅为害叶片。病斑定形后，直径为3～10mm的称大褐斑病，直径为2～3mm的称为小褐斑病。

大褐斑病发病初期在叶片表面产生许多近圆形、多角形或不规则的褐色小斑点（图5-15），以后病斑逐渐扩大。病斑中部呈黑褐色，边缘褐色，病、健交界明显。叶片背面病斑周缘模糊，淡褐色，后期产生灰色或深褐色的霉状物。病害发展到一定程度时，病叶干枯破裂，早期脱落，严重影响树势和翌年的产量。

大褐斑病的症状特点常因葡萄的种和品种的不同而不同。大褐斑病发生在美洲系统葡萄上，病斑为不规则形或近圆形，直径为5～9mm，边缘红褐色，外围黄绿色，背面暗褐色，并生有黑褐色的霉层。在龙眼、巨峰等品种上，病斑近圆形或多角形，直径为3～5mm，边缘褐色，中部有黑色圆形环纹，边缘黑色湿润状。

小褐斑病发生后，在叶片上产生深褐色小斑（图5-16），大小一致，边缘深褐色，中部颜色稍浅，后期病斑背面长出一层较明显的黑色霉状物，严重时小病斑相互融合成不规则的大斑。

发病规律　褐斑病以菌丝体或分生孢子在落叶中越冬，也可附在主枝、侧枝的树皮上及结果母枝表面等处越冬。第二年初夏，越冬的分生孢子和新产生的分生孢子一同随风雨传播，从叶背的气孔侵入，进行初侵染，经过15～20天的潜伏期后发病形成病斑，以后不断地再侵染。华北一带多从6月份开始发病，7～9月份为盛期，通常由下部叶片向上蔓延，多雨年份和多雨地区发生较重，管理粗放、有机肥使用不当、树势衰弱时发病重。玫瑰香和龙眼发病重，巨峰和黑奥林等较抗病。

防治方法 褐斑病防治主要以消灭越冬菌源，加强果园管理为主，发病初期及时喷药治疗。

（1）消灭越冬菌源 秋后要及时清扫落叶烧毁。冬剪时，也应将病叶彻底清除，集中烧毁或深埋。

（2）加强栽培管理 要及时绑蔓、摘心、除副梢和老叶，创造良好的通风透光条件，减少病害发生。增施多元复合肥，增强树势，提高树体抗病力。

（3）药剂防治 发病初期结合防治黑痘病、白腐病、炭疽病，可喷洒1∶0.5∶200倍的波尔多液，或50%多菌灵800倍液，或70%代森锰锌800倍药液，每隔10～15天喷1次，连续喷2～3次。当发现有褐斑病发生时，可喷布烯唑醇、百菌清或甲基硫菌灵等药剂及时进行治疗。

第九节 酸腐病

葡萄酸腐病是葡萄果实成熟期的病害，使果实腐烂，造成产量品质降低，受害到一定程度，鲜食品种不能食用，酿造品种则失去酿酒价值。在北京、天津、河北、山东、河南等省、市普遍发生。

为害症状 酸腐病主要为害果粒，一般在葡萄转色后、果实含糖量达到8%以上时发病。它的一个明显的特征就是发病的果实能够散发出一股醋酸的味道。酸腐病的病果经常有腐烂的汁液流出（图5-17）。病果散发的酸味，诱集大量的果蝇在上面产卵，果蝇的为害更加重了病害的发展和蔓延（图5-18）。一个果穗上往往是先从个别果粒发病，很快就会蔓延到整个果穗，在一些地区造成非常严重的损失。

发病规律 引起葡萄酸腐病的醋酸菌、乳酸菌、酵母菌以及其他微生物大多是腐生菌和弱寄生菌。它们自然存在于葡萄果实的表面、空气和土壤中。这些微生物大多不能直接侵染健康的葡萄果实，必须通过各种原因造成的果实表面的伤口才能侵染，例如冰雹、暴风雨、虫害、鸟害、病害、果粒之间的生长挤压等都会造成果实的损伤。果实表面任何的伤口，无论大小都是病菌潜在的侵染通道。

除了果实的伤口以外，另外一个影响酸腐病发生的重要因素就是气候。在潮湿温暖的天气条件下，果实表面的微生物很容易在伤口周围的坏死组织上大量繁殖，从而进一步引起整个果粒，甚至整个果穗腐烂。腐烂发酵的气味吸引大量的果蝇来取食、产卵。果蝇的加入，使得酸腐病的发展更加迅速，有时甚至在短短几天之内就可以造成大量的果穗腐烂。

不同的葡萄品种对酸腐病的抗病性差异很大。巨峰、里扎马特、赤霞珠、雷司令、霞多丽、无核白等都比较感病。一般来说，紧穗型品种、果皮薄的品种由于容易裂果，抗病性都比较差。

防治方法 酸腐病防治以农业防治和药物防治相结合进行。

（1）农业防治 尽量避免在一个果园内栽植不同成熟期的品种，不同成熟期的品种混栽，能增加酸腐病的发生。要合理密植，保持合理的叶幕系数，增加果园的通风透光性。在成熟期灌水要谨慎，尽量避免裂果和果皮形成机械伤。避免过量施用氮肥。慎用激素类药剂。

（2）药剂防治 对于不套袋果园，发现有个别果粒受害后开始喷药，重点喷洒果穗，10 天左右 1 次，连喷 1～2 次。常用有效药剂有 77％硫酸铜钙可湿性粉剂 600～700 倍液、80％波尔多液可湿性粉剂 500～600 倍液、46.1％氢氧化铜水分散粒剂 1000～1200 倍液、60％铜钙·多菌灵可湿性粉剂 400～500 倍液等。

第十节　根癌病

葡萄根癌病又称葡萄根头癌肿病、肿瘤病。我国葡萄产区均有发生。

为害症状　葡萄根癌病是一种细菌性病害，发生在葡萄的根、根颈和老蔓上（图 5-19、图 5-20）。发病部分形成愈伤组织状的癌瘤，初发时稍带绿色和乳白色，质地柔软。随着瘤体的长大，逐渐变为深褐色，质地变硬，表面粗糙。瘤的大小不一，有的数十个瘤簇生成大瘤。老熟病瘤表面龟裂，在阴雨潮湿天气易腐烂脱落，并有腥臭味。受害植株由于皮层及输导组织被破坏，树势衰弱、植株生长不良，叶片小而黄，果穗小而散，果粒不整齐，成熟也不一致。病株抽枝少，长势弱，严重时植株干枯死亡。

发病规律　根癌病由土壤杆菌属细菌所引起。该种细菌可以侵染苹果、桃、樱桃等多种果树，病菌随植株病残体在土壤中越冬，条件适宜时，通过剪口、机械伤口、虫伤、雹伤以及冻伤等各种伤口侵入植株，雨水和灌溉水是该病的主要传播媒介，苗木带菌是该病远距离传播的主要方式。细菌侵入后，刺激周围细胞加速分裂，形成肿瘤。病菌的潜育期从几周至一年以上，一般 5 月下旬开始发病，6 月下旬至 8 月为发病的高峰期，9 月以后很少形成新瘤，温度适宜，降雨多，湿度大，癌瘤的发生量也大；土质黏重，地下水位高，排水不良及碱性土壤，发病重。起苗定植时伤根、田间作业伤根以及冻害等都能助长病菌侵入，尤其冻害往往是葡萄感染根癌病的重要诱因。

品种间抗病性有所差异，玫瑰香、巨峰、红地球等高度感病，而龙眼、康太等品种抗病性较强。砧木品种间抗根癌病能力差异很大，SO_4、河岸 2 号、河岸 3 号等是优良的抗性砧木。

防治方法　根癌病以加强苗木管理为主，结合喷药进行防治。

（1）繁育无病苗木　繁育无病苗木是预防根癌病发生的主要途

径。一定要选择未发生过根癌病的地块做育苗苗圃，杜绝在患病园中取插条或接穗。在苗圃或初定植园中，发现病苗应立即拔除并挖净残根集中烧毁，同时用1%硫酸铜溶液消毒土壤。

（2）苗木消毒处理　在苗木或砧木起苗后或定植前将嫁接口以下部分用1%硫酸铜浸泡5min，再放于2%石灰水中浸1min，或用3%次氯酸钠溶液浸3min，以杀死附着在根部的病菌。

（3）加强管理，刮除病菌　多施有机肥料，适当施用酸性肥料，改良碱性土壤，使之不利于病菌生长。农事操作时防止伤根。田间灌溉时合理安排病区和无病区的排灌水的流向，以防病菌传播。在田间发现病株时，可先将癌瘤切除，然后抹石硫合剂渣液、福美双等药液，也可用50倍菌毒清或100倍硫酸铜消毒后再涂波尔多液，对此病均有较好的防治效果。

（4）生物防治　内蒙园艺研究所由放射土壤杆菌MI15生防菌株生产出农杆菌素和中国农业大学研制的E76生防菌素，能有效地保护葡萄伤口不受致病菌的侵染。其使用方法是将葡萄插条或幼苗浸入MI15农杆菌素或E76放线菌稀释液中30min或喷雾即可。

第十一节　扇叶病

葡萄扇叶病又名葡萄退化病，是重要的叶部病害之一。世界葡萄产区均有发生，但并不严重。在我国山东、辽宁、河北、河南等地均有记载，是影响我国葡萄生产的主要病害之一。

为害症状　葡萄扇叶病其症状因病毒株系不同分3种类型。

（1）扇叶形或传染性畸形　其是由变形病毒株系引起的，病株叶片变形成扇状（图5-21），不对称，呈环状或扭曲皱缩，有时出现斑驳，叶脉发育不正常，主脉不明显，由叶片基部伸出数条主脉，叶缘多齿。植株矮化或生长衰弱，新梢染病，分枝异常、双芽、节间极短或长短不等。果穗染病，果穗少且小，果粒小，坐果不良。

（2）黄化型　其是由产生色素病毒株系引起。病株早春呈现铬黄色褪绿，出现散生的斑点、环斑、条斑等（图 5-22），严重的全叶黄化。病毒侵染植株全部生长部分，包括叶片、新梢、卷须、花序等。叶片和枝梢变形不明显，果穗和果粒多较正常小。夏天刚生长的幼嫩部分保持正常的绿色，老的黄色病部，变成稍带白色或趋向于褪色。

（3）脉带型　传统认为是由产生色素的病毒株系引起。开始时沿叶主脉变黄，以后向叶脉间区扩展，叶片轻度畸形、变小。枝蔓受害，病株分枝不正常，枝条节间短，常发生双节或扁枝症状，病株矮化。果实受害，果穗分枝少，结果少，果实大小不一，落果严重。病株枝蔓木质化部分横切面，呈放射状横隔。

发病规律　葡萄扇叶病毒可由几种土壤线虫传播，如加州剑线虫、麦考岁剑线虫和意大利剑线虫、标准剑线虫等。这种线虫的自然寄主较少，只有无花果、桑树和月季花，而这些寄主对扇叶病毒都是免疫的，不表现症状，扇叶病毒存留于自生自长的植物体和活的残根上，这些病毒构成重要的侵染源。剑线虫获得病毒的时间相当短，在病株上饲食数分钟便能带毒，线虫的整个幼虫期都能带毒和传毒，但蜕皮后不带毒。成虫保毒期可达数月。该病的远距离传播主要由调运带病毒苗木导致，通过嫁接亦能传毒。

防治方法　扇叶病防治以选用无病毒苗木，彻底消灭病毒为主。

（1）选用无毒苗木建园　严把引种、购苗关。严格执行植物检疫制度，防止病原传播。

（2）消灭传毒的线虫　葡萄园有病株，病株率不高时可以及时刨除发病株并对病株根际土壤使用杀线虫剂杀死传毒线虫。及时防治各种害虫，尤其是可能传毒的昆虫，如叶蝉、蚜虫等，减少传播机会。

第十二节　卷叶病

葡萄卷叶病是全球性分布的病害，在我国各葡萄产区普遍存在，是一种为害较重的病毒病。

为害症状 主要表现在叶片和果实上。春季的症状较不明显，病株比健株矮小，萌发迟。在非灌溉区的葡萄园，叶片的症状始见于6月初，而灌溉区迟至8月份。红色品种在基部叶片的叶脉间先出现淡红色斑点，夏季斑点扩大、愈合，致使脉间变成淡红色，到秋季，基部病叶变成暗红色，仅叶脉仍为绿色。白色品种的叶片不变红，只是脉间稍有褪绿。病叶除变色外，叶变厚、变脆，叶缘下卷（图5-23）。病株果穗着色浅。如红色品种的病穗色质不正常，甚至变为黄白色（图5-24）；从内部解剖看，在叶片症状表现前，韧皮部的筛管、伴随细胞和韧皮部薄壁细胞均发生堵塞和坏死。叶柄中钙、钾积累，而叶片中含量下降，淀粉则积累。症状因品种而异，少数品种如无核白的症状很轻微，仅在夏季的叶片上出现坏死。坏死位于叶脉间和叶缘。多数砧木品种为隐性带毒。

发病规律 卷叶病毒在病株内越冬，带毒植株在发芽长叶后即表现出症状。主要通过嫁接传播，用病株上的芽、枝作接穗，用带毒砧木嫁接，都可使此病扩散蔓延。

葡萄卷叶病可能是由复杂的病毒群侵染引起，其成员大多属黄化病毒组。目前，全球至少已检测出5种类型的黄化病毒组成员，定名为葡萄卷叶相关黄化病毒组（GLRaV）Ⅰ型、Ⅱ型、Ⅲ型、Ⅳ型和Ⅴ型。病毒颗粒的长度为1800～2200nm。从感病葡萄分离出的病毒有相当程度的一致性。还有一种较短的黄化病毒组病毒，颗粒长800nm，称为葡萄病毒A（GVA），也经常和本病的发生有关联。上述病毒间均无血缘关系；而且发生只限于韧皮部，不能靠机械传染。现在有愈来愈多的证据表明，上述1种或多种病毒联合感染引起卷叶症状，可以认为是病害的病原。

防治方法 卷叶病防治以选用无病毒苗木，建立无病毒苗木繁殖体系和检测体系为主要方法。

(1) 繁育脱毒苗木 利用现代生物技术，繁殖脱毒苗木，建立无毒苗木繁殖体系和检测体系。

(2) 严格执行检疫制度 防止感毒繁殖材料和苗木向外扩散。

第六章
葡萄虫害

葡萄害虫种类相对较少，为害较轻，除葡萄瘿螨、绿盲蝽、烟蓟马等少数几种害虫发生较普遍外，大多数种类均属偶发性害虫。需要药剂防治的害虫也仅局限在少数几种，多数种类一般可以不进行药剂防治。

第一节　缺节瘿螨

葡萄缺节瘿螨［*Eriophyes vitis*（Pagenstecher）］，习称毛毡病、葡萄锈壁虱。属蜱螨目，瘿螨科。该病在北方地区及各葡萄产区均有分布，每年均造成一定程度的损失。

形态特征　雌成螨圆锥形，白色或灰白色，体长0.1～0.3mm，体具很多环节，近头部生有2对足，腹部细长，腹部有74～76个暗色环纹。尾部两侧各生1根细长的刚毛。雄虫体略小。

若螨，体小，形态似成螨。

卵椭圆形，淡黄色，长约30μm，近透明，有1根细长刚毛。

为害症状　主要为害叶片，发生严重时也为害葡萄的嫩梢、卷须、幼果等部位。叶片受害后在背面出现白色的病斑，逐渐扩大（图 6-1)，叶片组织因受到瘿螨的为害刺激而长出密集的茸毛，螨虫就集聚在茸毛处为害。因其为害症状与病害症状非常相似，故而也称为“毛毡病”。病斑处的茸毛开始为白色，颜色逐渐加深为深褐色。被害叶片正面由于受到瘿螨的为害刺激，变形呈泡状凸起（图 6-2)。发生严重时，叶正面也产生白色茸毛。最后在叶片正面病部呈现圆形或不规则的褐色坏死斑。严重时，褐色斑干枯破裂，叶片脱落。枝蔓受害后，常肿胀成瘤状，表皮龟裂。

发生规律　一年发生 7 代，以成螨在芽鳞茸毛内、粗皮裂缝内和随落叶在土壤内越冬。其中以幼嫩枝条的芽鳞内越冬虫口最多，多者可达数百头。春季葡萄发芽后，越冬的成虫从芽内迁移到幼嫩叶片上潜伏为害，刺吸植物营养。受到为害的部位表皮茸毛增生，形成特有的“毛毡病”症状，成、若螨均在茸毛内取食活动，将卵产于茸毛间，茸毛对瘿螨具有保护作用。该虫一般是先在基部 1、2 叶背面为害，随着新梢生长，逐渐由下向上蔓延。5、6 月发生严重，7、8 月的高温多雨对瘿螨有一定的抑制作用。9 月份气温降低以后，又有一个小的为害高峰。秋季以枝梢先端嫩叶受害最重，入冬前钻入芽内越冬。

防治方法　毛毡病以消灭越冬菌源为主，早春萌芽前喷一次石硫合剂消灭越冬菌源，展叶后，若发现病叶，要进行喷药防治。

(1) 秋天葡萄落叶后彻底清扫田园，将病叶及其病残物集中烧毁或深埋，以消灭越冬虫源。

(2) 毛毡病可随苗木或插条进行传播，最好不从病区引进苗木。对于从病区引进的苗木，定植前必须先进行消毒处理，方法是把苗木或插条先放入 30～40℃温水中浸 3～5min，然后再移入 50℃温水中浸 5～7min，可杀死潜伏在芽内越冬的锈壁虱。

(3) 早春葡萄萌芽后展叶前喷 3～5°Bé 的石硫合剂，药液中可加 0.5%洗衣粉，可提高喷药效果。葡萄展叶后，若发现有被害叶，应立即摘除，并喷药防治。防治的药剂可以采用 0.2～0.3°Bé 石硫合剂，或 1.8%阿维菌素乳油 3000～4000 倍液，或 20%四螨嗪悬浮剂 1000 倍液，或 73%克螨特乳油 2000～3000 倍液等药剂。

第二节 绿盲蝽

绿盲蝽（*Apolygus lucorum* Meyer-Dur）属昆虫纲，半翅目，盲蝽科。除新疆、西藏、广州等少数地区外全国都有发生。以成虫和若虫刺吸葡萄等的叶片、花、嫩梢及嫩穗。被害部位凋萎变黄，严重时枯干。

形态特征 成虫体长约 5mm，宽约 2.5mm。黄绿或浅绿色（图 6-3）。头部略呈三角形，黄绿色，复眼突出，黑褐色。触角 4 节，约为体长的 2/3。前胸背板深绿色，有极浅的小刻点。小盾片黄绿色，三角形，前胸背板和头相连处有一个领状的脊棱，前翅绿色上有稀疏短毛，半透明。腹面绿色，由两侧向中央微隆起，稀有小短毛。虫共 5 龄。各龄虫体与成虫相似，绿色或黄绿色。单眼桃红色。3 龄翅芽开始出现。

卵长口袋形，长约 1.4mm，宽约 1mm；中部稍弯曲，体淡绿或淡黄色。有瓶口状卵盖。

为害症状 绿盲蝽以刺吸式口器为害葡萄的嫩叶、芽和花序。被害叶片呈红褐色，针头大小的坏死点，随着叶片的展开，被害处形成撕裂或不规则的孔洞，并发生皱褶（图 6-4）。由于该虫体积小，发生早，昼伏夜出，为害初期症状不明显时很容易被人们忽视，常常因为防治不及时，造成叶片破碎不堪，极大地影响光合作用。

发生规律 北方每年发生 3～5 代，以成虫在杂草、枯枝叶和树皮缝及土石块下越冬。次春寄主发芽后出蛰活动。经一段时间取食开始交尾产卵，卵多产于嫩茎、叶柄、叶脉及芽内。卵期 10 天。5 月上旬、6 月上旬、7 月中旬、8 月中旬和 9 月各发生 1 代。成虫寿命较长，产卵期 30 天左右。各代发生期不整齐，世代重叠。成虫和若虫常在幼芽、花蕾、幼叶上刺吸为害，嫩叶被害生长受阻，常形成许多孔洞，叶片扭曲变形，有褶皱。某些卵寄生蜂、捕食性蜘蛛、猎蝽、花蝽和草蛉等是绿盲蝽的天敌。

防治方法 冬季和早春刮除翘皮、清除杂草、枯枝落叶等，集中处理可消灭部分越冬成虫。葡萄萌芽期喷溴氰菊酯、高效氯氟氰菊酯等菊酯类农药2000倍液，特别注意新栽葡萄园的早期防治。

第三节 透翅蛾

葡萄透翅蛾（*Paranthrene regalis* Butler）又名葡萄透羽蛾，属鳞翅目，透翅蛾科。该虫分布广泛，我国的南北方葡萄产地均有发生。

形态特征 成虫体长18～20mm，翅展30～36mm，体蓝黑色，头的前部及颈部黄色，腹部具3条黄色横带。前翅红褐色，前缘、外缘及翅脉为黑色，后翅半透明。成虫静止时，外形似马蜂（图6-5）。

幼虫体长25～38mm，体略呈圆筒形，头部红褐色。胸腹部黄白色。老熟时带紫红色，前胸背板有倒八字形纹。

卵椭圆形，略扁平，红褐色。

蛹红褐色，圆筒形。腹部2～6节背面各有2列横刺，7～8节各有1列。

为害症状 幼虫蛀食葡萄嫩梢和1～2年生枝蔓（图6-6），致使嫩梢枯死或枝蔓受害部肿大呈瘤状，叶片变黄枯萎，果实脱落。蛀孔外有虫粪，枝蔓易折断。

发生规律 此虫1年发生1代，以幼虫在被害枝蔓中越冬。第二年的春季5月上旬越冬幼虫开始活动，幼虫先是在越冬处向外咬一圆形羽化孔，然后吐丝做茧在里面化蛹。蛹期25天左右。化蛹期与发蛾期常因地区和寄主不同而异，河南、山东、辽宁、河北等地5月上中旬为始蛹期，6月初为始蛾期。成虫行动敏捷，飞翔力强，有趋光性，雌蛾羽化当日即可交尾，次日开始产卵，产卵期

1～2天，卵散产于葡萄嫩茎、叶柄及叶脉处，单雌平均卵量为45粒，卵期10天左右。初孵幼虫多由葡萄叶柄基部及叶节处蛀入嫩茎，然后向下蛀食，蛀孔外常堆有虫粪。较嫩枝受害后常肿胀膨大，老枝受害则多枯死，主枝受害后造成大量落果。幼虫可转害1～2次，以7～8月为害最厉害。10月以后还可以继续向老枝条或主干蛀食。老熟幼虫最后转移到1～2年生枝条上越冬。

防治方法 做好幼虫的防治和成虫羽化期的测报，配合喷药预防。

（1）因被害处有黄叶出现，枝蔓膨大增粗，6～7月要仔细检查，发现虫枝及时剪掉，结合冬季修剪，剪除有肿瘤枝蔓和虫粪的枝条。

（2）幼虫的防治 5～7月间，看到新梢顶端凋萎或叶片边缘干枯的枝蔓，应及早摘除，消灭幼虫。已蛀入较粗枝蔓的，可用铁丝从蛀孔插入，将虫刺死，或用少许棉花蘸敌敌畏200倍液灌入虫孔，熏杀幼虫，或塞入1/4片磷化铝，再用塑料膜包扎以杀死幼虫。

（3）作好成虫羽化期的测报，及时喷洒杀虫剂 先将带有老熟幼虫的枝蔓剪成5～6cm，共剪10个，放在铁丝笼里，挂在葡萄园内，发现成虫飞出5天后，及时喷药，可喷20%氰戊菊酯乳剂2000～3000倍液。苏州、上海一带，一般在花前3～4天和谢花后各喷一次药，药剂有25%菊乐合酯、20%氰戊菊酯乳剂3000倍液，或50%马拉硫磷1000倍液，均有良好的效果。

第四节 斑衣蜡蝉

斑衣蜡蝉（*Lycorma delicatula* White.）属同翅目，蜡蝉科，又叫葡萄羽衣、“红姑娘”，主要分布在北方葡萄产区。一般不造成灾害，但其排泄物可造成果面污染，嫩叶受害常造成穿孔或叶片破裂。成虫和若虫主要为害葡萄、臭椿、苦楝，也为害核桃、枣、梨等果树。

形态特征 成虫体长15～22mm，翅展40～56mm，雄性略小。体暗褐色，背有白色蜡粉。头顶向上翘起，呈突角形，复眼黑色，向两侧突出。前翅革质，基部1/3为淡褐色，上布黑色斑点10～20个，外缘1/3黑色；脉纹淡白色。后翅基部为鲜红色，上有黑点数个，中部白色，端部黑色（图6-7）。

若虫体扁平，1～3龄若虫体黑色，有许多小白点（图6-8），4龄后体呈红色，有黑色，翅芽显露（图6-9）。

卵呈圆柱形，长3mm，宽2mm。卵粒平行排列整齐，每块有40～50粒，卵块上有灰色土状的蜡质分泌物。

为害症状 斑衣蜡蝉以成虫和若虫刺吸葡萄枝蔓和叶片的汁液，严重时造成枝条变黑，叶片穿孔甚至破裂。同时，其排泄物落于枝叶和果实上，常引起霉菌寄生变黑，影响光合作用，降低果品质量。

发生规律 每年1代，以卵在葡萄枝蔓、架材和树干、枝杈等部位越冬。翌年4月上旬以后陆续孵化为幼虫，蜕皮后为若虫。若虫常群集葡萄幼嫩茎叶的背面为害，受惊扰立刻跳跃、逃避。脱皮4次，若虫期40天左右。于6月下旬出现成虫，8月份交尾产卵，卵产于枝蔓背阴处，卵粒排列成块，上有胶质。成虫寿命4个月，10月下旬逐渐死亡。从4月中下旬至10月份，为若虫和成虫为害期。成虫、若虫均有群集性，很活泼，弹跳力很强。

防治方法 结合枝蔓的修剪和管理将枝蔓和架材上的卵块清除或碾碎，消灭越冬卵，减少翌年虫密度。生长期及时观察叶片背面，一旦发现被害叶，喷甲氰菊酯、联苯菊酯、高效氯氟氰菊酯、溴氰菊酯等菊酯类农药2000倍液或90%敌百虫1500倍液。

第五节　二星叶蝉

葡萄二星叶蝉（*Erythroneura apicalis* Nawa）又名葡萄浮尘

子、小叶蝉、二黄斑点小叶蝉、二点叶蝉。属同翅目，蝉总科，叶蝉科、小叶蝉亚科。分布于华北、西北、河南、山东及长江流域，是葡萄的主要害虫之一。主要为害叶片，并不断排出粪便，叶和果面出现很多黑点，果品质量降低，含糖量减少。

形态特征 成虫体长3mm左右，羽化时为乳白色，后逐渐变为黄白色，头顶前缘有2个明显的黑褐色小圆点，前胸背板浅黄色，有圆形小黑点3枚，形成一列，翅半透明，上有淡黄色及深浅相间的花斑（图6-10）。

若虫分红褐色和黄白色两型，体长2mm左右。红褐色型，体红褐色，尾部有上举的习性；黄白色型，体浅黄色，尾部不上举。

卵长卵圆形，长0.5mm。黄白色，稍弯曲。

为害症状 以成虫、若虫主要聚集在葡萄叶片背面刺吸汁液为害。受害叶片正面产生许多不规则形苍白色小点（图6-11），严重时可导致叶片变苍白色，甚至焦枯、脱落，对果实品质及花芽分化影响很大。叶背面可以看到许多若虫、成虫及若虫的蜕皮。

发生规律 在河北昌黎一年发生2代，山东、陕西一年3代，以成虫在葡萄园的杂草、落叶下、土石缝中越冬。翌年4月初，葡萄发芽前开始活动，先在发芽早的杂草、梨、桃、樱桃、山楂上取食，5月初葡萄展叶后才转移其上为害并产卵，5月中旬第1代若虫出现，多是黄白色，6月中旬孵化的多为红褐色，约10天羽化为成虫。成虫、幼虫、若虫均喜在叶脉基部群居为害。成虫能飞善跳，多横向爬行，若虫爬行敏捷，受惊很快逃跑。成虫多产卵于叶背叶脉组织内或茸毛下，产卵处变为黄褐色。

防治方法 加强果园管理，结合喷药进行防治。

（1）加强果园管理　落叶后至早春前，彻底清除果园内的落叶、枯草等植物残体，集中深埋或烧毁，消灭越冬成虫。葡萄生长期及时清除杂草，合理修剪，保持园内通风透光良好。

（2）科学药剂防治　该虫一般不需单独药剂防治。但发生为害严重的果园，在害虫较多时或第1代若虫集中发生期喷药1～2次即可。常用有效药剂有48%毒死蜱乳油1200～1500倍液、4.5%

高效氯氰菊酯乳油或水乳剂 1500～2000 倍液、70%吡虫啉水分散粒剂 8000～10000 倍液、20%啶虫脒可溶性粉剂 8000～10000 倍液、15%唑虫酰胺乳油 1000～1500 倍液等。

第六节 白粉虱

葡萄白粉虱（*Trialeurodes vaporariorum* Westwood）又名温室粉虱、小白蛾子，属同翅目，粉虱科。在葡萄产区均有发生，山东省发生较重。尤其是近些年发展起来的庭院葡萄和设施栽培葡萄内该虫趋于严重。

形态特征 成虫体长 1～1.5mm，翅和身体上披有白粉，翅不透明。

3 龄若虫体长 0.5mm，淡绿色或淡黄色，足及触角退化，身上长蜡丝数根，4 龄若虫体长 0.7～0.8mm，体背有长短不齐的蜡丝，体侧有刺。

卵长约 0.2mm，有卵柄，初为淡绿色，覆有蜡粉，孵化前多为褐色（图 6-12）。

蛹壳漆黑色，椭圆形，体面有不规则隆起纹。

为害症状 葡萄白粉虱主要为害葡萄叶片，一叶上群集数头若虫，有时若虫布满叶片，被害处发生褪绿、变黄，此外，其分泌大量的蜜液，严重污染叶片和果实，易生霉菌，并使叶片早期脱落。

发生规律 在北方温室条件下每年可发生 10 多代。世代重叠，以各虫态在温室越冬，并继续为害，无休眠现象。在南方每年发生 5～6 代，可在寄主植物上以各种虫态越冬。成虫产卵百余粒，也可孤雌生殖，其后代为雄性。成虫喜在植物上部嫩叶背面产卵，若虫孵化后活动数小时，即固定为害。温室内及周围地段的杂草是温室白粉虱的滋生地，多在酢浆草、大蓟、蒲公英等杂草上。温室葡萄和蔬菜深受其害。温室附近露地的果树、蔬菜也受害严重。因其只能在温室过冬，故露地果树春季虫源均来自温室，秋季初冬又返回温室。其发育期适宜温度为20～28℃，当夏季气温在30℃以上时，卵、幼虫死亡率升高，成虫寿命短，产卵少，故一般发生较少。成虫对黄色有强烈的趋性，忌避白色、银灰色。成虫有选择嫩叶产卵的习性，故植株上部为新产卵，越往下虫龄越大。

防治方法 采用人工防治、生物防治和化学防治相结合的方法进行防治。

（1）人工防治 白粉虱对黄色敏感，有强烈的趋向性。在温室内设置黄色板，板上涂抹粘油，诱杀成虫。

（2）生物防治 温室栽植葡萄，可人工繁殖释放丽蚜小蜂，进行生物防治。

（3）药剂防治 喷洒化学药剂杀灭成虫和若虫。因在同一时期内，各种虫态都有，必须连续用药。常用药剂有10％溴氰菊酯乳油1000倍液、25％氰戊菊酯乳油1000倍液、2.5％联苯菊酯乳油3000倍液、2.5％高效氯氟氰菊酯乳油5000倍液、20％甲氰菊酯乳油2000倍液。

第七节 天 蛾

葡萄天蛾（*Ampelophaga rubiginosa* Bremer et Grey），又名车天蛾、轮纹天蛾和豆虫等。属于鳞翅目，天蛾科。在我国北方、南方各葡萄产区均有为害。

形态特征 成虫体长45～90mm，翅展85～100mm。体粗壮，纺锤形，茶褐色。触角短粗篦齿状。体背中央从前胸到腹部末端有1条灰白色纵线。腹面色淡呈赭色。前翅顶角较突出，黄褐色，各横线都为暗茶褐色，中线较宽，外线较细，呈波纹状。前缘顶角处有一暗色三角形斑。后翅黑褐色，外缘及后角附近各有1条茶褐色横线。前翅及后翅反面红褐色，前翅基半部黑灰色，外缘红褐色（图6-13）。

老熟幼虫体长80mm，绿色，背面色较淡，体面有横条纹和黄色颗粒状小点。头部有2对近于平行的黄白色纵线。胸足红褐色，其上方有1个黄斑。第八腹节背面有一锥形尾角、黄色、末端向上弯曲。腹部背线绿色、较细，背亚线白色，腹部背线两侧有1个呈“八”字形的黄色纹（图6-14）。

卵球形，卵径1.5mm，淡绿色，近孵化时褐绿色。

蛹体长45～55mm，长纺锤形，初期灰绿色，后期背面呈棕褐色，腹面暗绿色。

为害症状 葡萄天蛾以幼虫主要为害葡萄叶片，低龄幼虫将叶片吃成缺刻或孔洞，高龄幼虫将叶片的叶肉吃光，仅残留叶脉和叶柄，影响葡萄产量与品质，并导致树势衰弱。

发生规律 每年发生1～2代，以蛹在土壤中或树下的杂草覆盖物下面越冬，第二年5月末至7月初越冬成虫羽化，6月中旬为成虫盛期，成虫寿命7～10天，昼伏夜出，飞翔力强，有趋光性，每雌产卵150～180粒，多散产于嫩梢或叶片背面，卵期6～8天。幼虫白天静伏于叶片背面，夜间取食。幼虫期30～45天，高龄幼虫食量非常大，常把局部的叶片吃光。7月中旬幼虫开始钻入葡萄架下面的土壤中化蛹，蛹期15～18天，8月上旬就可以见到第2代幼虫为害，进入9月下旬以后幼虫陆续就近入土化蛹。

防治方法 主要以药物防治为主。

（1）诱杀与人工捕杀 利用成虫的趋光性，设置黑光灯或频振式诱虫灯，诱杀成虫。结合整枝打杈，发现幼虫，人工捕杀。

（2）药剂防治 葡萄天蛾多为零星发生，一般不需单独药剂防治。个别虫害发生较重的果园，在幼虫发生期喷药防治1次，即可基本控制该虫的发生为害。常用有效药剂有20%灭幼脲悬浮剂1500～2000倍液、20%除虫脲悬浮剂1500～2000倍液、4.5%高效氯氰菊酯乳油或水乳剂1200～1500倍液、48%毒死蜱乳油1500～2000倍液、1.8%阿维菌素乳油3000～4000倍液、200g/L氯虫苯甲酰胺悬浮剂3000～4000倍液等。

第八节　白星花金龟

白星花金龟子（*Potosia brevitarsis* Lewis）又名白星花潜、朝鲜白星金龟子、铜色白斑金龟甲，俗名瞎撞子。属鞘翅目，金龟子科。分布较广，河北、山东、辽宁、山西、河南、陕西等地均有发生。成虫为害葡萄、苹果、梨、桃等果实。

形态特征　成虫体长20～24mm，体宽13～15mm，扁平，椭圆形，体壁坚硬，全身暗紫铜色，带有绿色或紫色闪光。头部前缘稍向上翘起，前胸背板中央及靠近小盾片有并列白斑两个，翅鞘上有弧形隆起线一条和云片状白斑十余个，前胸背板及鞘翅上均布满许多小刻点，腹部两侧及末端也有由细毛组成的白色斑点（图6-15）。

幼虫体长24～39mm。头部褐色、较小。体向腹面弯曲呈“C”字形，胸足小，3对，无爬行能力。

卵椭圆形，乳白色，长1.7～2.0mm，同一雌虫所产，大小亦不尽相同。

蛹体长约22mm，初黄白，渐变为黄褐色。

为害症状　白星花金龟成虫不仅咬食幼嫩的芽、叶、花，也蛀食果实。每当果实成熟时，常数头群集于果实的伤处，食害果肉，被害的果实易被病菌感染或招蝇、蜂继续为害，影响果实的产量和质量（图6-16）。幼虫称为蛴螬，生活于土中，为害地下部分，是主要的地下害虫之一。

发生规律　此虫1年发生1代，以2龄或3龄幼虫越冬。翌年5～6月间幼虫老熟后在20cm左右深的土层中做土室化蛹，蛹期30天。6～7月间为成虫盛发期，成虫寿命40～90天。6月底、7月初开始产卵，卵散产在腐殖质多的土中及粪堆等处。幼虫孵化后以腐殖质为食料，也为害植物的根部组织。幼虫期270天左右。

成虫白天活动，为害。有假死习性。对糖醋液趋向性强。每头雌虫产卵约25粒。

防治方法　利用成虫的假死性，于清晨或傍晚低温时振树，捕杀成虫。也可用广口瓶、酒瓶等容器内盛腐熟的果实，加少许糖蜜，悬挂于树上，诱集成虫，收集杀死。结合秸秆沤肥翻粪和清除鸡粪时，捡拾幼虫和蛹。在成虫发生期，喷敌敌畏1000倍液或2.5%氯氟氰菊酯2000倍液等农药。

第九节　虎　蛾

葡萄虎蛾（*Seudyra subflava* Moore）别名葡萄虎斑蛾、老虎虫。属鳞翅目，虎蛾科。分布于东北地区和河北、山东、河南、山西、陕西、湖北、江西、广东、贵州等省。幼虫咬食嫩芽和叶片，有群集为害习性，严重时可将叶片吃光。除为害葡萄外，还为害野生葡萄。

形态特征　成虫体长18～20mm，翅展44～47mm。头胸及前翅紫褐色，体翅上密生黑色鳞片，前翅中央有肾状纹和环状纹各1个，后翅橙黄色，臀角有一橘黄斑，中室有一黑点。腹部杏黄色，背面有一列紫棕色毛簇（图6-17）。

老熟幼虫体长约40mm，头部黄色，有明显的黑点。胸、腹背面淡绿色，前胸背板及两侧黄色，体表每节有大小黑色斑点，疏生长毛（图6-18）。

蛹红褐色，体长18～20mm，尾端齐，左右有突起。

为害症状　葡萄虎蛾以幼虫咬食葡萄叶片和嫩芽，具有群集危害习性，严重时可将叶片吃光，仅留枝蔓，导致产量降低、树势减弱。

发生规律　葡萄虎蛾1年发生2代，以蛹在葡萄根部附近土中越冬。第二年5月中旬开始羽化出成虫，而后交尾产卵，卵多散产在叶片上。成虫昼伏夜出，有趋光性。6月下旬孵化出幼虫，取食为害叶片。7月中旬至8月中旬出现当年第1代成虫。8月中旬至

9月中旬为第2代幼虫为害盛期，幼虫老熟后入土化蛹越冬。

防治方法 消灭越冬蛹、诱杀并加以药剂防治。

（1）消灭越冬蛹 结合葡萄下架防寒或春季出土上架时将越冬蛹消灭。

（2）诱杀及人工捕杀 利用其趋光性用黑光灯诱杀成虫。结合夏剪，利用成虫静伏叶背的习性，进行人工捕杀。

（3）药剂防治 幼虫大量发生时，可喷布50%敌敌畏、90%敌百虫1000倍液。溴氰菊酯、氰戊菊酯、氯氟氰菊酯、甲氰菊酯2000倍液等高效低毒的菊酯类农药。

第十节 虎天牛

葡萄虎天牛（*Xylotrechus pyrrhoderus* Bates）又叫葡萄枝天牛、葡萄虎脊天牛、葡萄虎斑天牛等，属于鞘翅目，天牛科。在华北、华中、东北均有发生，是葡萄主要害虫之一。

形态特征 成虫体长15mm，黑色，胸部暗红色。鞘翅有“X”形黄白色斑纹，近末端有一黄白色横纹。腹面有3条黄白色横纹（图6-19）。

幼虫体长17mm，淡黄白色，或带微红晕，头小，黄褐色，但紧接头部的前胸宽大，淡褐色，后缘有山字形细纹沟，无足（图6-20）。

卵长1mm，椭圆形，一端稍尖，乳白色。

蛹为裸蛹，长12～15mm，黄白色，复眼淡赤色。

为害症状 葡萄虎天牛以幼虫蛀食枝条的髓部，初孵化的幼虫多从芽基部钻入枝条内部，向基部蛀食，形成的蛀食隧道内充满虫粪，受害枝条从钻蛀部位以上叶片凋萎，枝条容易被风刮断。成虫亦能咬食葡萄细枝蔓、幼芽及叶片（图6-21）。

发生规律 每年发生1代，以幼虫在被害的葡萄枝蔓内越冬，第二年春季5～6月份越冬幼虫开始活动为害，主要向基部方向蛀食，有时幼虫横向蛀食，导致枝条很容易被风刮断。7月份幼虫开始在被害枝条内化蛹，蛹期10～15天，8月份为羽化盛期。成虫产卵部位一般在新梢的芽鳞缝隙、叶腋等处，卵期7～10天，孵化的幼虫就近从芽的基部附近钻入表皮下，逐渐钻入髓部，在11月上旬基本停止为害，进入冬眠状态。

防治方法 人工防治和药剂防治相结合。

（1）人工防治 结合冬季修剪，认真清除虫枝，集中烧毁。春季萌芽期检查，凡结果枝萌芽后萎缩的，多为虫枝，应及时剪除。利用成虫迁飞能力弱的特点，人工捕捉成虫。一般在8～9月份早晨露水未干前进行捕捉，效果很好。

（2）药剂防治 在8月份成虫羽化期，喷90%敌百虫或50%敌敌畏乳油1000倍液，每隔7～10天喷1次。幼虫蛀入枝蔓后，可采用50%的敌敌畏乳油800倍液注射蛀孔，并严密封堵，将其毒杀。

第七章 葡萄生理性病害及缺素症

第一节 日灼病

葡萄日灼病又称日烧病。这是一种发生较为普遍的生理病害。

症状 日灼病是由于高温造成的局部伤害。伤害部位主要在幼果表面、幼嫩果柄及小穗轴上，严重时也出现在穗轴上。果穗的向阳面特别是朝西南方向的果粒表面较易受害。果粒受害，最初果面失绿白化，出现淡褐色、豆粒大小微凹的病斑，后逐渐扩大呈椭圆形，大小为7～8mm的干疤，病斑表面凹陷（图7-1）。再加重时，整个果粒在几天内干枯成黄褐色干缩果（图7-2）。果柄或小穗轴发病时先出现不规则淡黄色斑块，接着病斑扩大到整段小穗轴，果柄逐渐干枯缢缩，病部以下的果实得不到养分水分供应，也逐渐失水、萎缩、干枯，成了干缩果。其症状与房枯病相似，也与穗轴病、白腐病相似。

受害处易遭受炭疽病菌或其他果腐病菌的后继侵染而引起果实腐烂。

发生规律　葡萄日灼病的发生，主要是由于果实在夏日高温期直接暴露于强烈的阳光下，使果粒表面局部温度过高，水分失调、呼吸异常，以致被阳光灼伤，或由于渗透压高的叶片向渗透压低的果实争夺水分，而使果粒局部失水，再被高温灼伤。果实上温度达35℃经3.5h，或38～39℃经1.5h就发生日灼病。

栽培条件与日灼病的发生也有很大关系。一般篱架式比棚架式栽培的发病重；地下水位高，排水不良的果园发病重；氮肥施肥过多，叶面积大，蒸腾作用强的果园，发生日灼病也比较严重。

品种之间，发病的轻重程度也差异很大。保尔加尔、红大粒、亚历山大、白鸡心、黑汉、玫瑰香等薄皮品种，发病较重。

防治方法　适当密植，合理修剪，使果穗处于叶的阴凉处，可基本控制日灼病的发生。另外，增施有机肥，提高地力及保水能力，适当深施肥，使根系向纵深发展，增强吸水性能，增强树势，提高树体抗逆能力。在高温季节，注意及时浇水，保证水分供应，也可减轻日灼，还可采用在高温季节，喷施0.1%硫酸铜溶液，以增强葡萄的抗热性，喷洒27%高脂膜乳剂80～100倍液，以保护果穗不得日灼病。

第二节　气灼病

气灼病是近年在大粒葡萄品种上常见的一种生理性病害，而且由于气候的变化，发病逐年增多、加重，气灼病对果实生长影响很大，它已严重影响到鲜食葡萄的生产和发展。

症状　气灼病主要为害幼果期的绿色果粒，它和日灼病的最大区别在于日灼病果发病部位均在果穗的向阳面和日光直射的部位，如在果穗肩部和向阳部位；但气灼病的发生无部位的特异性，几乎在果穗任何部位均可发病，甚至在棚架的遮阳面、果穗的阴面和果穗内部、下部果粒均可发病。

果粒受害，在果穗上为零星发生。初期果面产生淡褐色近圆形凹陷病斑，边缘不明显，果皮及皮下果肉坏死；随病情加重，病斑扩大，形成淡褐色至褐色的凹陷病斑，表面皱缩，浅层果肉开始坏死；严重时，整个果粒干缩为淡褐色至紫褐色僵果。叶片受害，初期产生淡褐色不规则形斑点，病斑处不枯死；后期病斑扩大，颜色加深，成褐色至紫褐色不规则形，边缘明显；严重时，病斑处干枯，颜色变淡。

发生规律 气灼病是一种生理性病害，主要由阳光过度直射引起，气温过高也可导致该病发生。修剪过度、果实及嫩叶不能得到适当遮阴、土壤供水不足是诱发气灼病的主要原因。肥水管理不当、结果量过大，导致树势衰弱，可加重该病的发生。另外，有些品种耐热能力较低，高温干旱季节容易发生气灼病。

防治方法 适当密植，合理整枝打杈，使果穗得到充分遮阴，基本可控制该病的发生。南方葡萄产区，适当遮阴栽培，降低阳光对植株的直射。实施果实套袋，避免果实遭阳光直射。增施有机肥及农家肥，提高土壤肥力及保水能力；适当深施肥，诱导吸收根系向深层发育，增强吸水性能，增强树势，提高树体抗逆能力。高温季节，注意及时浇水，保证土壤水分供应。高温季节，喷施0.1%硫酸铜溶液，可增强葡萄耐热性。

第三节　裂果病

葡萄采收前常发生裂果现象，尤其是在果实成熟后期的多雨年份更为严重，裂果影响果实的外观，可导致病原微生物的侵染，发生腐烂，严重降低了果实的商品价值，造成很大经济损失。

症状 裂果症即为果粒开裂，主要发生在果实近成熟采收期。果粒多从顶部开裂，形成较大裂缝（图7-3），果肉甚至种子外露。裂口处既可诱发灰霉病发生，也可诱发酸腐病发生，并可诱发杂菌感染造成果粒腐烂，还可引诱金龟子等害虫进行为害（图7-4）。

发生规律 从生理上分析，主要是葡萄的果皮组织脆弱，特别是果皮强度随着果实成熟度的增加而减弱；同时也与栽培条件、气候变化引起的果粒内膨压增大有关。其中土壤对裂果的影响最大，板结的土壤、易旱易涝的黏质土壤发生裂果较多。结果过多，容易发生裂果。此外，雨季多雨，着色期干湿度变化大时，容易发生裂果；着色不良的树及着色不良的年份，发生裂果尤多。无核果柱头很大，多雨期这一部分充满霉菌，因而损伤果皮而裂开，这是裂果的原因之一。

防治方法　裂果病主要以加强栽培管理为主，及时补充钙肥。

（1）加强栽培管理　增施有机肥及农家肥，适量混施钙肥，促进树体及果实对钙的吸收，提高果实抗逆能力。干旱时及时浇水，多雨时及时排涝，尽量使果园土壤水分供应平衡。近成熟期使用催红药时，科学掌握用药浓度。

（2）适量叶面喷钙　葡萄落花半月后，每半月左右叶面及果面喷钙1次，直到采收前半月左右，对防治果粒开裂具有良好的控制效果。常用有效钙肥有佳实百800～1000倍液、速效钙500～600倍液、高效钙500～600倍液及氨基酸钙、腐植酸钙等。

第四节　水罐子病

葡萄水罐子病也称转色病、水红粒，是葡萄上常见的生理病害，在产量过高、管理不良的情况下，水罐子病尤为严重。

症状　水罐子病主要表现在果粒上，一般在果粒着色后才表现症状。发病后果穗先端果粒明显表现出着色不正常，色泽淡，果粒呈水泡状，病果糖度降低，变酸，果肉变软（图7-5），果肉与果皮极易分离，成为一包酸水，用手轻捏水滴成串溢出，故有水罐子之称。发病后果柄与果粒处易产生离层，极易脱落。

发生规律　葡萄水罐子病是由于营养失调或营养不良所导致的一种生理病害。一般在树势衰弱、摘心重、负载量过多、肥料不足和有效叶面积小时，病害发生严重。另外，地下水位高或果实成熟期遇雨，田间湿度大，温度高，影响养分的转化，此病发生也较重。

防治方法 以加强果园管理，合理控制负载量为主。

（1）加强果园土、肥、水的管理 增施含磷、钾的有机肥，如鸡鸭粪、草木灰等农家肥，适量施用氮肥。在7～8月份结合喷药喷施0.3%磷酸二氢钾溶液，增加叶片和果实的含钾量，及时锄草，松土。

（2）合理控制树体负载量 在适当多留结果枝、保证产量的前提下，采用“一枝留一穗”的办法，每个结果枝只留1穗果，尽量减少再次果。1个果枝上留2个果穗时，第一穗水罐子病比率高。

（3）增大叶果比 主梢叶片是一次果所需养分的主要来源，应适度多留；在留多次果的情况下，适当多留副梢叶片，保证多次果的营养来源。果枝上留5～7片叶，天旱及时摘心，以增大叶果比。

第五节 突发性萎蔫

葡萄突发性萎蔫是近年来葡萄上新发生的一种突发性病害，该病发病十分迅速，对生产影响较大。

症状 该病主要发生在葡萄萌芽以后，当葡萄接近开花时突发新梢枝蔓和叶片萎蔫，枝蔓迅速死亡，但老蔓基部仍然可以萌出隐芽或萌蘖。发病植株也会出现根颈部腐烂、根系腐烂等多种复杂表现。

发生规律 葡萄突发性萎蔫的原因尚不十分清楚，冻害、根颈部伤害、土壤管理不善、营养水分失调，常常成为发病的诱因。幼龄树发病明显较重，而且发病时间集中在气温上升较快的开花前这一阶段。

防治方法 由于目前该病的病因还没有确定，因此有效的治疗方法还值得进一步研究。但应针对诱因进行及时防治。如加强植株防寒，尤其是在埋土防寒和不埋土的分界地区，一定要注意保护根颈部；注意土壤水肥管理，保持土壤疏松，促进枝蔓正常成熟；发病初期，可采用短期晾根，根部灌入 100～200 倍的硫酸铜、1000～2000 倍的多菌灵等，均有一定的缓解挽救作用。对行间发病较重的植株应及时去除，并将其根系部位的土壤进行更换，同时浇灌 1%硫酸铜药液进行消毒后再进行补栽。

第六节　缺钾症

葡萄常被称为典型的钾质果树，对钾的需求远远高于其他各种果树。钾对葡萄果实的含糖量、风味、色泽、成熟度、果实的贮运性能、根系的生长以及葡萄枝蔓的成熟度、充实度均有非常积极的作用。近年来，由于过分地追求高产，缺乏对钾肥的施用，常常造成葡萄的缺钾现象。因此，补充钾肥是葡萄田间管理中经常要进行的一项工作。

症状　葡萄缺钾时植株抗病力、抗寒力明显降低，同时光合作用受到影响；果实小，着色不良，成熟前容易落果，产量和品质降低。缺钾时枝条中部的叶片表现为扭曲，叶边缘失绿变干，并逐渐由边缘向中间枯焦，叶片畸形或皱缩，严重时叶缘组织坏死焦枯，甚至整叶枯死，叶子变脆，容易脱落（图 7-6）。

发生规律　钾在葡萄植株体内有运输和贮藏养分的功能。可使淀粉转化为糖分，促进葡萄的新陈代谢。主要可促进果实成熟，促进芳香物质和色素的形成，增进着色，提高含糖量，增加果穗的重量，提高果实的耐贮性。据分析，葡萄果实的矿质元素中，钾的含量最高，有“钾质作物”之称。因此，即使在含钾量丰富的土壤中，也常会发生缺钾现象。钾肥可以明显地提高葡萄的抗病能力。钾素随着葡萄的生长发育开始就被吸收，直到成熟期。在开花期后，尤其是果实膨大期，需大量钾素供应。因而钾素由茎、叶向果实内转移，使茎、叶中的含钾量大为减少。此时如果土壤中含钾量不足，常出现老叶褪绿及部分组织变褐枯死的现象。尤其是超负荷结果的植株，缺钾更为明显。此外，降雨过多被水淹的葡萄园，也会发生缺钾症。

防治方法 在生长期根外喷施钾肥，一般从7月起，每隔半个月左右喷1次0.3%的磷酸二氢钾，直至8月中旬，共喷3～4次。根外喷3%草木灰浸出液或0.2%～0.3%的氯化钾，对减轻缺钾症均有良好的效果。

第七节 缺硼症

硼素是葡萄开花、坐果所必需的微量元素之一。硼能促进葡萄树体内的糖分的运输、促进植株对其他阳离子如钾、钙、镁的吸收，可以加强花粉的形成和花粉管的伸长。

症状 缺硼症主要表现在叶片和果实上。在叶片上，幼叶出现水浸状淡黄色斑点，随叶片生长而逐渐明显，叶缘及脉间失绿，叶脉变褐，新叶皱缩畸形，叶肉表现褪绿或坏死。花期缺硼，常表现花冠不能脱落，呈茶褐色筒状，有时会引起严重落花，甚至花穗枯萎。缺硼植株多结实不良。膨大期果实缺硼，导致果肉组织变褐坏死。果实膨大后期缺硼，引起果粒维管束和果皮褐变。

发生规律 缺硼症是一种生理性病害，由于缺硼引起。土壤有机质贫乏、速效化肥施用比例失调及强酸性土壤容易造成缺硼；土壤干旱，影响根系对硼素的吸收，易导致缺硼；沙性土壤，硼素易随水分淋渗，常引起缺硼；碱性土壤中，硼素已被固定，容易造成缺硼。另外，硼在植株体内不能贮存，也不能由老组织向新生组织移动，所以在整个葡萄生长期应保证硼素的平衡供应。

防治方法 改良土壤，增施有机肥和含硼的多元复合肥，改善土壤的理化结构。结合秋施基肥，每公顷施入22.5～30kg硼酸或硼砂。用硼砂作为追肥，施入根系，施后灌水。在花蕾期和初花期，叶面喷施 0.3%～0.5%的硼砂水溶液，有利于提高坐果率。

第八节 缺铁症

铁对葡萄的叶绿素形成有催化作用，同时，铁也是构成呼吸酶的重要成分，在呼吸过程中承担着重要角色，一旦缺铁，则叶片中的叶绿素就不能正常合成，出现叶片黄化现象，即俗称黄叶病。

症状 葡萄黄叶病是由缺铁引起的，最初症状是幼叶的叶脉间叶肉先褪绿黄化（图 7-7），至白化，叶片边缘变褐枯死。严重缺铁时，整株叶片变小、黄化、节间短，生长衰弱，落叶早，结果少或不结果。即使坐果，果粒发育不良。如果轻度缺铁，当年及时矫治可恢复正常，一般新梢叶片转绿较快，老叶片转绿较慢。

发生规律 铁是植物生产糖类多种酶的活性物质，缺铁时，叶绿素的形成受阻使叶片褪绿。在田间土壤中，铁以盐类化合物或氧化物等形式存在，这些化合物在一定条件下释放出铁的活性态，被根系吸收利用。但土壤黏重，碱性过大，或含碳酸钙过量、排水不良等，使活性铁被固定为不溶性铁，不易被根吸收，形成黄叶病。特别是在春季，植株新梢生长速度过快，铁素供应不及时导致黄叶病的发生。铁元素在植物体内移动性差，不能再利用，因此，缺铁症状容易在新梢和新展的叶片上发生。前一年叶片早落，根系发育不良或结果量过大，均加重黄叶病的发生。

防治方法 早期施基肥时加入铁肥效果较好。每 1000kg 有机肥加入 250g 的硫酸亚铁。为了避免土壤对铁的固定，常采用硫酸亚铁根外喷肥。但铁在葡萄体内运转能力差，喷施后只有接触铁肥溶液的部位转绿。因此，最好连喷 2～3 次。浓度为 0.2%～1%，每亩用 75～100kg 溶液。使用 0.04%～0.1%浓度的黄腐酸铁对缺铁失绿的防治效果比硫酸亚铁等要好。

第九节 缺锰症

锰元素参与葡萄植株的呼吸过程，在有微量锰元素的情况下，植株的呼吸过程增强，有利于细胞内的各种物质的转化。在树体内，锰元素与铁元素有一定的相互关系：当树体缺锰时，树体内低铁离子浓度增高，能引起铁过量症；而当锰过量时，低铁离子过少，易发生缺铁症。

症状 缺锰时，主要表现在叶片上，新梢基部叶片最先发病，幼叶表现症状，叶脉间组织褪绿黄化，出现细小黄色斑点，斑点类似花叶症状（图 7-8）。后期叶肉组织进一步黄化，叶脉两旁叶肉仍保留绿色，果穗成熟晚。进一步缺锰，会影响新梢、叶片、果粒的生长与成熟。缺锰果实成熟时，果穗间夹生绿色的果实（图 7-9）。

发生规律 锰的功能是促进酶的活动，协助叶绿素的形成。植物吸收离子态的锰，在体内不易运转。缺锰症状主要发生于碱性土、沙土。土壤中锰来源于锰铁矿石的分解，氧化锰或锰离子存在于土壤溶液中并被吸附在土壤胶体内，在酸性土壤中一般不会缺锰，若土壤质地黏重，通气不良，地下水位高，碱性土壤，易发生缺锰症。分析表明，叶柄含锰 3～20mg/kg 时，可出现缺锰症状。

防治方法 增施有机肥并及时进行叶面喷肥。

（1）增加施用优质的有机肥料 增加施用优质的有机肥料，有预防缺锰的作用。每亩用硫酸锰 1～2kg，与有机肥或硫酸铵、氯化钾、过磷酸钙等生理酸性肥料混合条施或穴施，作基肥。

（2）叶面喷肥 在开花前用 0.3%的硫酸锰液加 0.15%石灰叶面喷施，间隔 7 天，连续喷 2 次。溶液配法为：在 25L 水中加入 0.15kg 硫酸锰，使其充分溶解，另外称取 0.075kg 生石灰，先用少量水使其消解，把消解的石灰加入另一容器中的 25L 水中，充分搅拌。然后将以上两种溶液倒在一起搅匀即可喷洒。

第十节　缺锌症

葡萄对土壤缺锌十分敏感，锌对果实发育和色素形成有重要的促进作用。

症状　缺锌症主要表现在果穗上，严重时也可在新梢叶片上表现症状。缺锌时，各种生理代谢过程发生紊乱。叶片失绿，新梢节间缩短，小叶丛生，光合作用减弱，产量降低，品质下降。在果穗上主要影响种子形成和果粒的正常生长，造成果穗生长散乱，果粒大小不一（图 7-10）。叶片上多表现为叶片小、叶缘锯齿变尖、叶片不对称、叶肉出现斑驳、叶片基部裂片发育不良等。

发生规律　锌是植物正常生长发育所必需的微量元素之一。它是一些酶的组成成分，与生长素的合成和核糖核酸的合成、细胞的分裂和光合作用有密切关系。它能促进叶绿素的形成，参与糖类的转化。它能提高植物的抗病性、抗寒性和耐盐性。

土壤是提供植株所需锌素的主要来源。土壤供锌不足的原因有二，一是土壤本身含量过低，二是土壤可给性差。前者与土壤成土母质有关，后者是由于土壤条件不良引起。土壤中锌的可给性主要受酸碱度、碳酸盐含量、有机质等因素影响。缺锌多发生在 pH 值大于 6 的土壤上。

防治方法　加强栽培管理，适量喷施锌肥。

（1）加强栽培管理　增施有机肥及农家肥，施用腐熟肥料，适量混施锌肥，提高土壤保锌能力及锌离子含量，促进锌肥的吸收利用。

（2）适量喷施锌肥　往年缺锌较重的园片，从花前 2～3 周开始喷施锌肥，开花前 2 次、落花后 1 次，效果较好。

第十一节　缺镁症

镁是叶绿素的重要组成成分，也是细胞壁胞间层的组成成分，还是多种酶的成分和活化剂，对呼吸作用、糖的转化都有一定影响，可以促进磷的吸收和运输，并可以消除过剩的毒害。果树中以葡萄最容易发生缺镁症。

症状　缺镁症主要在叶片上表现明显症状，常只有基部叶片发病。初期，在叶缘及叶脉间产生褪绿黄斑，该黄斑沿叶肉组织逐渐向叶内延伸，且褪绿程度逐渐加重，呈黄绿色至黄白色，形成绿色叶脉与黄色叶肉带相间的“虎叶”状（图 7-11）。严重时，脉间黄化条纹逐渐变褐枯死。

发生规律　葡萄缺镁症主要是由于土壤中缺镁，缺镁时叶片开始变黄。镁在植株体内可以流动，当镁不足时，可从老组织流入幼嫩组织。所以，症状首先从植株的基部叶片表现出来，在一个叶上，首先在叶边缘和叶脉间的叶肉部分表现。造成缺镁的原因是土壤有机肥不足，酸性土壤或钾肥过多等。

防治方法　加强栽培管理，通过叶面喷肥补充镁肥。

（1）加强栽培管理　增施腐熟的农家肥及有机肥，不要偏施速效磷肥及钾肥，科学施用微量元素肥料。酸性土壤中适当施用镁石灰或碳酸镁，中性土壤中施用硫酸镁，补充土壤中有效镁含量。一般每株沟施 200～300g。

（2）叶面喷镁　往年缺镁症表现较重的葡萄园，从果粒膨大期开始叶面喷镁，10～15 天 1 次，连喷 2 次左右。一般使用 50～100 倍硫酸镁液均匀喷洒叶面。

第十二节　缺钙症

葡萄许多生理病因是缺钙，然而土壤和葡萄枝干中含钙量并不低。这说明并不是单纯的缺钙，而是由于钙吸收生理失调或发生障碍，使钙的正常吸收、运转、分布和累积受阻所引起。

症状 葡萄缺钙时，幼叶脉间及叶缘褪绿，随后在近叶缘处出现针头大小的斑点，叶尖及叶缘向下卷曲，几天后褪绿部分变成暗褐色，并形成枯斑。这种症状可逐渐向下部叶扩展；茎蔓先端顶枯；新根短粗而弯曲，尖端容易变褐枯死。

发生规律 土壤中过多的氮肥会抑制钙的吸收，但硝态氮可促进钙的吸收及其在叶片中的贮藏，所以秋、冬施硝酸盐肥料能促进钙素营养在枝条中的积累。钾对钙有拮抗作用，过多的钾会抑制钙的吸收，叶片中钙含量与钾含量呈负相关。适量的镁可促进钙的吸收，但过量的镁则会替代钙，使钙下降。硼对钙的吸收和运输有很大促进作用。

防治方法 改善葡萄的环境条件，保持一定的土壤水分和钙浓度，合理施肥，采取正确的栽培技术，均可促进钙的吸收和运输，减轻和预防缺钙而引起的生理失调。

常用钙肥有碳酸钙、氧化钙、氢氧化钙、磷酸钙等。钙镁磷肥含 CaO 25%～30%，MgO 16%，P_2O_5 14%～18%，SiO_2 40%，也可补充钙的不足。酸性土壤中施用钙肥可以中和土壤酸性，改善土壤物理性状。

第十三节 缺氮症

氮是氨基酸、卵磷脂和叶绿素的重要组成成分，用氮合成蛋白质，构成细胞的原生质。

症状 葡萄植株前期缺氮，新蔓生长势弱，坐果率低，果实大小不均，叶片先变浅绿色，后转黄色，叶片薄而小（图 7-12），易早期落叶，嫩梢、叶柄、穗梗变粉红色或红色，新梢生长量减少，细而短，停止生长早。中后期缺氮，基部叶片主脉间出现浅褐色，枯死，叶肉萎蔫，果粒小，不易着色。

发生规律 葡萄从萌芽期开始吸收氮素，开花期和坐果期吸收量达到最大，到果实膨大期为止，吸收开始缓慢下来，进入成熟期以后，果实吸收氮素又有所增加。采收以后，茎和根吸收氮素量有增加趋势。

土壤贫瘠，肥力低，有机质含量和氮素含量低。很少施基肥或使用未腐熟肥均易造成缺氮。一般 7～8 月叶片中氮含量低于 1.3%时，即缺氮。管理粗放，杂草丛生，消耗氮素，常导致植株缺氮。

防治方法 秋施基肥，基肥用量达到全年施肥量的 60%～80%，混施有机肥和无机氮肥，补充氮素。生长期叶面喷施速效氮肥，可喷 0.3%尿素水溶液，喷 2～3 次。根据葡萄的生长发育，根际用氮肥追肥。

第十四节 缺磷症

磷素一般从葡萄萌芽开始吸收，到果实膨大期以后逐渐减少，进入成熟期几乎停止吸收。但是，在果实膨大期，原贮藏在茎、叶的磷素，大量转移到果实中去。果实采收以后茎、叶内的磷含量又逐渐增加。

症状 葡萄缺磷的症状，一般与缺氮的症状基本相似。萌芽晚，萌芽率低。叶片变小，叶色暗绿带紫，叶缘发红焦枯，出现半月形死斑（图 7-13）。坐果率降低，粒重减轻。果实成熟迟，着色差，含糖量低。

发生规律 磷在酸性土壤上易被铁、铝的氧化物所固定而降低磷的有效性；在碱性或石灰性土壤中，磷又易被碳酸钙所固定，所以在酸性强的新垦红黄壤或石灰性土壤上，均易出现缺磷现象；土壤熟化度低的以及有机质含量低的贫瘠土壤也易缺磷；低温促进缺磷，由于低温影响土壤中磷的释放和抑制葡萄根系对磷的吸收，而使葡萄缺磷。一般 7～8 月叶片中磷含量低于

0.14%时，即缺磷。

防治方法 生长期表现缺磷症时，可叶面喷施磷素肥料。常用的喷施磷素肥料有磷酸铵、过磷酸钙、磷酸钾、磷酸氢二钾、磷酸二氢钾等，其中以磷酸铵效果最好，喷洒浓度为0.3%～0.5%。

第八章

葡萄病虫害综合防治技术

葡萄病虫害种类繁多，发生条件复杂，分布广泛，每年因病虫为害而造成的经济损失巨大，尤其是葡萄炭疽病、白腐病、黑痘病和霜霉病这四大病害直接影响着葡萄的生长发育和产量。要想控制葡萄病虫的为害，就必须认真贯彻执行“预防为主、综合防治”的植保方针，在病虫害发生之前采取积极措施，经济有效地将一种或多种主要病虫的为害降到最低限度，又不会造成对整个农业生态系统的不良影响。综合防治主要有植物检疫、生物防治、农业防治、物理防治和化学防治等。

一、植物检疫

植物检疫可以有效地防止外来危险病虫害传入。当一种病虫害传入一个新的地区后，由于外界环境条件的改变，在原地区可能并不严重的病虫害，到新地区后则可能会爆发流行。如18世纪欧洲爆发的根瘤蚜为害，所以，植物检疫是防治病虫，尤其是外来病虫害最为重要的一道程序。

二、生物防治

随着人们生活水平的提高，对绿色果品的要求越来越迫切，对葡萄病虫的防治应大力推广生物防治。生物防治就是利用有益生物或生物的代谢产物防治病虫的方法，主要措施如下。

1. 以虫治虫

即利用寄生性和捕食性天敌昆虫控制虫害的发生。如利用寄生蜂、寄生蝇等控制害虫。

2. 以菌治虫

即利用有益微生物控制虫害的方法。如用苏云金杆菌（Bt）等防治病虫。

3. 以菌治病

利用有益微生物控制病害的方法。如利用增产菌防治病害等。

4. 利用抗生素和昆虫激素等防治病虫害

如利用链霉素防治一些细菌病害、农抗120防治葡萄白粉病、炭疽病，利用武夷霉素防治葡萄灰霉病等。

5. 植物源或植物杀虫杀菌剂

如利用除虫菊、鱼藤、巴豆、苦参控制一些虫害。生物防治的优点是对人、畜比较安全，环境污染小，是防治病虫害、提高果品质量的方向。

三、农业防治

根据农业生态系统中各种病虫、作物、环境条件三者之间的关系，结合作物整个生产过程中一系列管理技术措施，有目的地改变病虫生活条件和环境条件，使之不利于病虫的发生发展，而有利于作物的生长发育。在葡萄上主要采用以下措施。

1. 人工防治

（1）在葡萄休眠期，北方葡萄进行防寒保护，以免遭受冻害或被冻死。同时结合防寒前和休眠期的修剪，剪除病虫枝、病果僵果，彻底清除园内的杂草、落叶、病虫枝蔓等病残体，以减少越冬病虫数量。

（2）在葡萄生长期，加强田间管理，及时修剪过密的枝蔓，勤绑蔓、打尖、掐副梢，使园内通风透光良好。

（3）在肥水管理上，要适当多施有机肥，少施化肥。在化肥中要适当多施磷钾肥，少施氮肥，同时注意铁、硼、锰、锌和钙等微量元素的使用，以增强树势，提高树体的抗病虫能力。在少雨季节，要适当浇水。以保证葡萄生长发育和结果的需要。在雨季要注意排水。尤其是渗水性差的黏土地，更要及时排水，以免烂根病和其他病害的发生。

（4）杂草多的果园发病重、害虫多，在生长季节要及时锄草、中耕。这样既消灭了杂草，减轻病虫为害，还可活化土壤，增强土壤的理化性和通透性，有利于根系生长发育。

（5）应用套袋技术和避雨栽培。果实套袋后，可使果穗表面光洁、着色好、糖度高、质量好、同时减轻了大多数病虫的为害。在南方多雨的地区，如炭疽病等较难防治，为减轻病害的发生，可应用避雨栽培方法，即给葡萄搭棚，避免葡萄遭雨淋，可减轻病菌的传播、侵染和为害。

（6）根据市场需求选用品种，最好选用抗病且不携带有害生物的品种或接穗。对于病毒病没有好的药剂防治，所以在建园时最好选用无病毒苗木。

（7）建园前要平整土地，挖好水渠和排水沟，使排灌方便，减少园内积水，增强树势，减轻根病或线虫传染。建园时做好葡萄园规划设计，合理密植，改善生态条件，促进天敌数量增加，控制病虫为害；不在老果园上开辟新果园。

2. 培育无毒苗木和抗病虫的优良新品种

茎尖培养的苗木已在生产中得以应用，有些抗病虫新品种亦初步培育成功，应该充分利用这些现代生物技术提高葡萄病虫害防治水平，以促进葡萄的产量和品质。

3. 引进发展无病毒优良品种

在新建园引进种苗和插条时，必须进行严格的检疫，对有检疫对象的苗木必须彻底烧毁。

四、物理防治

采用物理方法控制植物病虫害的发生及其为害，也是常用的治理病虫的方法。在葡萄园常用的如设置黑光灯诱杀金龟子、夜蛾、葡萄天蛾、螟蛾、叶蝉等；保护地内通过定期高温闷棚可明显减轻葡萄霜霉病的发生和为害；利用40℃左右的温水杀死苗木、接穗上携带的缺节瘿螨等害虫；设置银色反光膜防虫、黄色板诱集蚜虫、性诱剂等诱杀一些害虫；果实套袋也是减轻病虫害发生的有效办法。

五、化学防治

化学防治是近年来控制病虫的常用方法。优点是高效、速效、使用方便。近年来因过度依赖药剂，以及使用方法不当带来了许多问题，如对生态环境、果品质量、病虫抗性、天敌生物等方面的不良影响。但化学工业也是在不断的发展进步中，在目前强调绿色果品的时期也不应过度排除化学防治的作用，只有不断地总结经验，才能做到合理使用，发挥化学农药的优势。

1. 农药的种类

（1）微生物源农药　防治真菌的农用抗生素类有灭瘟素、春雷霉素、井冈霉素、中生霉素、多抗霉素、农抗120。防治螨类的有浏阳霉素、华光霉素（日光霉素、尼可霉素）、阿维菌素（齐螨素、妥福丁、虫螨克、7051、杀虫素）、多效霉素（多氧霉素、宝利安）。活体微生物农药有真菌剂，如蜡蚧轮枝菌；细菌剂，如苏云金杆菌、蜡质芽孢杆菌、杀螟杆菌、青虫菌6号、白僵菌制剂；拮抗菌剂等。

(2) 昆虫生长调节剂(苯甲酰基脲类杀虫剂) 有灭幼脲、氟啶脲(抑太保)、氟铃脲(杀铃脲、农梦特)、噻嗪酮、氟虫脲等。

(3) 动物源农药 有昆虫性信息引诱剂类，如桃小食心虫及黏虫性诱剂等；活体人工饲养的寄生性、捕食性天敌动物，如草岭、寄生蜂类。

(4) 植物类农药 分为杀虫剂，如烟碱、除虫菊素、苦参碱、鱼藤酮、茴蒿素、松脂合剂；杀菌剂，如大蒜素；拒避剂，如印楝素；增效剂，如芝麻素等。

(5) 矿物源农药 包括机油乳剂、柴油乳剂、硫酸铜、硫酸锌、硫酸亚铁、硫悬浮剂、高锰酸钾、硫黄等配制的各种制剂，如波尔多液、石灰硫黄合剂。

(6) 人工合成的低毒、低残留的化学农药 杀虫杀螨剂有敌百虫、辛硫磷、马拉硫磷、乙酰甲胺磷、吡虫啉、双甲脒、四螨嗪、噻螨酮、克螨特；杀菌剂有三唑酮和戊二醛；代森锰锌类；甲基硫菌灵、多菌灵、百菌清；异菌脲、氟硅唑、甲霜灵等。

2. 合理选择农药

在选择农药时，要注意以下几点：一是要到知名度高、实力雄厚、信誉较好的农药公司或商店购买农药；二是购买农药时，要认真查看所需农药的标识说明、商标、生产厂家、生产日期、有效期限、防伪标记等，注意查看其有效成分、商品名称和化学名称，防止购买同物异名或同名异物的农药；三是购买农药时要索取正规发票，并认真保留作为原始凭据维权时使用或以后购药时参考；四是有条件时，可进行现场检验农药真伪。方法是：乳油剂型农药，液面上如漂浮一层油花，则为不合格农药；对于可湿性粉剂和悬浮剂等农药，可将少量农药放入矿泉水瓶中，让其自然溶解，然后摇动，放置半小时后，如发现有沉淀分层现象，则为假药。

3. 科学使用农药

目前，化学防治仍然是防治葡萄病虫害的主要措施。按照上述方法购买到好药、真药后，要科学使用农药，才能真正起到防治病虫害的作用。科学用药，主要包括对症用药，适时用药。一是要正确识别病虫害的种类，选择适宜的农药种类。二是注意使用时期、混合使用要合理，要根据病虫预测预报和消长规律适时喷药，病虫害在经济阈值以下时尽量不喷药，同时注意不同作用机理的农药交替使用和合理混用。三是按照规定的浓度、每季最多使用次数和安全间隔期要求使用农药，部分农药的要求如表 8-1 所示。不随意提高施药浓度，以免增加害虫的抗药性，必要时可更换农药种类。四是注意用药质量，喷药时要注意均匀周到细致，重点喷洒叶背，同时兼顾新梢、花序、果穗等。五是注意农药使用要合法，不能使用国家禁止使用的农药。

表 8-1　葡萄生产中甲霜灵锰锌和腐霉利的使用标准

标准编号	农药	剂型及含量	防治对象	稀释倍数	每季最多使用次数	安全间隔期②/d	最大残留限度(MRL 值)/(mg/kg)
GB/T 8321.5—2006	甲霜灵锰锌①	58%可湿性粉剂	霜霉病	500～800	3	21	甲霜灵 1
GB/T 8321.6—2000	腐霉利	50%可湿性粉剂	灰霉病	75～150	3	14	5

① 甲霜灵 10%，代森锰锌 48%。

② 指为避免农药残留超标，施药距果实采收所必须达到的最少天数。

4. 农药混施时应注意的问题

将两种或两种以上不同作用和机理的农药混合使用，可延缓病虫抗药性的产生。如除虫菊酯和有机磷混用，甲霜灵和代森锰锌混用，灭菌丹和多菌灵混用，都比用单剂效果好。农药的混用必须遵循下列原则：一是要有明显的增效作用；二是对植物不能发生药害，对人、畜的毒性不能超过单剂，对天敌昆虫不能构成大的威胁；三是扩大防治对象，能多虫兼治或病虫兼治。这样既减少了喷药次数和节约了时间，又降低了用工成本。即便混配农药也不能长期使用，否则同样会产生抗药性，甚至病虫对多种农药同时产生抗性，其后果会更加严重。混配药剂有两种，一是喷药前自行配制，但必须随配随用，不能放置时间太长；二是农药生产厂家出品的混配剂。目前混配药剂有：杀菌剂之间的混配，如甲霜灵和代森锰锌混配成的甲霜锰锌，既有保护作用，又有治疗效果；杀虫剂之间混配，如马拉硫磷和氰戊菊酯混配的菊马乳油，兼有胃毒、触杀和内吸作用，能防治蚜虫、叶螨和多种鳞翅目害虫；杀虫剂和杀菌剂混配的农药，如三唑酮与马拉硫磷混用，可兼治白粉病、锈病和蚜虫、地下害虫。

附　录

一、无公害食品　鲜食葡萄生产技术规程
（NY/T 5088—2002）

1　范围

本标准规定了无公害食品鲜食葡萄生产应采用的生产管理技术。

本标准适用于露地鲜食葡萄生产。

2　规范性引用文件

下列文件中的条款通过本标准的引用而成为本标准的条款。凡是注日期的引用文件，其随后所有的修改单（不包括勘误的内容）或修订版均不适用于本标准，然而，鼓励根据本标准达成协议的各方研究是否可使用这些文件的最新版本。凡是不注日期的引用文件，其最新版本适用于本标准。

NY/T 369 葡萄苗木

NY/T 470 鲜食葡萄

NY/T 496—2002 肥料合理使用准则 通则

NY 5086 无公害食品 鲜食葡萄

NY 5087 无公害食品 鲜食葡萄产地环境条件

中华人民共和国农业部公告 第199号（2002年5月22日）

3　要求

3.1　园地选择与规划

3.1.1　园地选择

3.1.1.1　气候条件

适宜葡萄栽培地区最暖月份的平均温度在16.6℃以上，最冷

月的平均气温应该在－1.1℃以上，年平均温度 8～18℃；无霜期 120 天以上；年降水量在 800mm 以内为宜，采前一个月内的降雨量不宜超过 50mm；年日照时数 2000h 以上。

3.1.1.2 环境条件

按照 NY 5087 的规定执行。

3.1.2 园地规划设计

葡萄园应根据面积、自然条件和架式等进行规划。规划的内容包括：作业区、品种选择与配置、道路、防护林、土壤改良措施、水土保持措施、排灌系统等。

3.1.3 品种选择

结合气候特点、土壤特点和品种特性（成熟期、抗逆性和采收时能达到的品质等），同时考虑市场、交通和社会经济等综合因素制定品种选择方案。

3.1.4 架式选择

埋土防寒地区多以棚架、小棚架和自由扇形篱架为主；不埋土防寒地区的优势架式有棚架、小棚架、单干双臂篱架和“高宽垂”T 型架等。

3.2 建园

3.2.1 苗木质量

苗木质量按 NY/T 369 的规定执行。建议采用脱毒苗木。

3.2.2 定植时间

不埋土防寒地区从葡萄落叶后至第二年萌芽前均可栽植，但以上冻前定植（秋栽）为好；埋土防寒地区以春栽为好。

3.2.3 定植密度

单位面积上的定植株数依据品种、砧木、土壤和架式等而定，常见的栽培密度见附表 1。适当稀植是无公害鲜食葡萄的发展方向。

3.2.4 定植

3.2.4.1 苗木消毒

定植前对苗木消毒，常用的消毒液有 3～5°Bé 石硫合剂或 1%硫酸铜。

附表1　栽培方式及定植株数

方式	株行距/m	定植株数/667m²
小棚架	(0.5～1.0)×(3.0～4.0)	166～444
自由扇形	(1.0～2.0)×(2.0～2.5)	333～134
单干双臂	(1.0～2.0)×(2.0～2.5)	333～134
高宽垂	(1.0～2.5)×(2.5～3.5)	76～267

3.2.4.2　挖定植坑（沟）

挖0.8m～1.0m宽、0.8m～1.0m深的定植坑或定植沟改土定植。

3.3　土、肥、水管理

3.3.1　土壤管理

以下几种葡萄土壤管理方法应根据品种、气候条件等因地制宜灵活运用。

3.3.1.1　生草或覆盖：提倡葡萄园种植绿肥或作物秸秆覆盖，提高土壤有机质含量。

3.3.1.2　深耕翻：一般在新梢停止生长、果实采收后，结合秋季施肥进行深耕，深耕20～30cm。秋季深耕施肥后及时灌水；春季深耕较秋季深耕深度浅，春耕在土壤化冻后及早进行。

3.3.1.3　清耕：在葡萄行和株间进行多次中耕除草，经常保持土壤疏松和无杂草状态，园内清洁，病虫害少。

3.3.2　施肥

3.3.2.1　施肥的原则

按照NY/T 496—2002规定执行。根据葡萄的施肥规律进行平衡施肥或配方施肥。使用的商品肥料应是在农业行政主管部登记使用或免于登记的肥料。

3.3.2.2　肥料的种类

3.3.2.2.1　允许施用的肥料种类

3.3.2.2.1.1　有机肥料

包括堆肥、沤肥、厩肥、沼气肥、绿肥、作物秸秆肥、泥炭肥、饼肥、腐植酸类肥、人畜废弃物加工而成的肥料等。

3.3.2.2.1.2　微生物肥料

包括微生物制剂和微生物处理肥料等。

3.3.2.2.1.3　化肥

包括氮肥、磷肥、钾肥、硫肥、钙肥、镁肥及复合（混）肥等。

3.3.2.2.1.4　叶面肥

包括大量元素类、微量元素类、氨基酸类、腐植酸类肥料。

3.3.2.2.2　限制施用的肥料

限量使用氮肥限制使用含氯复合肥。

3.3.2.3　施肥的时期和方法

葡萄一年需要多次供肥。一般于果实采收后秋施基肥，以有机肥为主，并与磷钾肥混合施用，采用深40～60cm的沟施方法。萌芽前追肥以氮、磷为主，果实膨大期和转色期追肥以磷、钾为主。微量元素缺乏地区，依据缺素的症状增加追肥的种类或根外追肥。最后一次叶面施肥应距采收期20天以上。

3.3.2.4　施肥量

依据地力、树势和产量的不同，参考每产100kg浆果一年需施纯氮（N）0.25～0.75kg，磷（P_2O_5）0.25～0.75kg、钾（K_2O）0.35～1.1kg的标准测定，进行平衡施肥。

3.3.3　水分管理

萌芽期、浆果膨大期和入冬前需要良好的水分供应。成熟期应控制灌水。多雨地区地下水位较高，在雨季容易积水，需要有排水条件。

3.4　整形修剪

3.4.1　冬季修剪

根据品种特性、架式特点、树龄、产量等确定结果母枝的剪留强度及更新方式。结果母枝的剪留量为：篱架架面8个/m^2左右，棚架架面6个/m^2左右。冬剪时根据计划产量确定留芽量：

留芽量＝计划产量/(平均果穗重×萌芽率×果枝率×结实系数×成枝率)

3.4.2 夏季修剪

在葡萄生长季的树体管理中采用抹芽、定枝、新梢摘心、处理副梢等夏季修剪措施对树体进行控制。

3.5 花果管理

3.5.1 调节产量

通过花序整形、疏花序、疏果粒等办法调节产量。建议成龄园每 667m^2的产量控制在 1500kg 以内。

3.5.2 果实套袋

疏果后及早进行套袋，但需要避开雨后的高温天气，套袋时间不宜过晚。套袋前全园喷布一遍杀菌剂。红色葡萄品种采收前10～20 天需要摘袋。对容易着色和无色品种，以及着色过重的西北地区可以不摘袋，带袋采收。为了避免高温伤害，摘袋时不要将纸袋一次性摘除，先把袋底打开，逐渐将袋去除。

3.6 病虫害防治

3.6.1 病虫害防治原则

贯彻“预防为主，综合防治”的植保方针。以农业防治为基础，提倡生物防治，按照病虫害的发生规律科学使用化学防治技术。

化学防治应做到对症下药，适时用药；注重药剂的轮换使用和合理混用；按照规定的浓度、每年的使用次数和安全间隔期（最后一次用药距离果实采收的时间）要求使用。对化学农药的使用情况进行严格、准确的记录。

3.6.2 植物检疫

按照国家规定的有关植物检疫制度执行。

3.6.3 农业防治

秋冬季和初春，及时清理果园中病僵果、病虫枝条、病叶等病组织，减少果园初侵染菌源和虫源。采用果实套袋措施。合理间作，适当稀植。采用滴灌、树下铺膜等技术。加强夏季管理，避免树冠郁蔽。

3.6.4 药剂使用准则

3.6.4.1 禁止使用剧毒、高毒、高残留、有“三致”（致畸、致癌、致突变）作用和无“三证”（农药登记证、生产许可证、生产批号）的农药。禁止使用的常见农药见附录5。

3.6.4.2 提倡使用矿物源农药、微生物和植物源农药。常用的矿物源药剂有（预制或现配）波尔多液、氢氧化铜、松脂酸铜等。

3.7 植物生长调节剂使用准则

允许赤霉素在诱导无核果、促进135无核葡萄果粒膨大、拉长果穗等方面的应用。

3.8 除草荆的使用准则

禁止使用苯氧乙酸类（2,4-D、MCPA和它们的酯类、盐类）、二苯醚类（除草醚、草枯醚）、取代苯类除草剂（五氯酚钠）除草剂；允许使用莠去津，或在葡萄上登记过的其他除草剂。

3.9 采收

葡萄果实的采收按照NY/T 470的有关规定执行。

二、化学肥料性质与特点

附表2 化学肥料性质与特点——氮肥

肥料名称	含氮量/%	性质	使用特点
尿素	44～46	白色或淡黄色针状结晶。一般加防湿剂制成小米状颗粒。易吸湿空气中水汽，也易溶解于水。溶解过程强烈吸热。为酰胺态氮。施入土壤后会被微生物转化成碳酸铵或碳酸氢铵	适于各种土壤。由于开始施入后土壤吸附较少，应避免大雨前施入。在稻田使用后要停水3～5天，待尿素转变为碳酸铵或碳酸氢铵，被土壤吸附后再灌水。要采取“少量多餐”的措施，作种肥时，用量要少，施得均匀，最好使种子与肥料保持2～3cm距离。适于作根外追肥

续表

肥料名称	含氮量/%	性质	使用特点
硝酸铵	32～35	白色结晶，有吸湿性及爆炸性。易溶于水，溶解过程强烈吸热。应保存于干燥阴凉处，避免麸糠、煤油等有机杂质混入。结块时应轻轻敲碎	适于各种作物。所含硝态氮不能被土壤胶体吸附，容易流失，因此，不宜在水稻田使用，也不宜在大雨或灌溉前施用，防止随水流失。宜作追肥，也要采取“少量多餐”的措施。在石灰性、碱性土壤施用，要深施盖土。不要与碱性物质混合。要用一袋开一袋，如一袋未用完，应放在筒或缸内加盖防潮
氯化铵	24～25	白色或淡黄色结晶。化学中性，生理酸性。性质稳定。吸湿性小	基本同硫铵。不宜在盐碱地施用。不宜用于烟草、甘薯、马铃薯、葡萄等忌氯作物
碳酸氢铵	17	白色、灰白色或褐色结晶或细粒。有刺鼻的氨臭。高温高湿时极易分解挥发，溶于水后较稳定。有吸湿性。溶解性差	要保存在低温、干燥的地方，不让风吹日晒。不要与种子同库。一般作基肥。旱地可结合犁地深施；水田在最后一次耙田时撒施。作种肥应在播种行旁开沟条施或穴施，施后立即盖土。作追肥也要开沟，或挖穴深施。施用时不要把肥料撒到茎叶上。也可结合灌水，随水流送
氨水	15～17	液体，纯者无色，有时因含杂质而呈黑色或黄绿色。强碱性，极易挥发。对铜、铝制品有腐蚀性。溶入大量水或用土吸收后挥发性减弱	贮存时要防挥发、防渗漏、防腐蚀。贮存的容器没有裂缝，里面最好再涂一层沥青，装上氨水的要密封起来

附表3　化学肥料性质与特点——磷肥

肥料名称	含磷量/%	性质	使用特点
过磷酸钙	14～20	灰白色或黑色粉末，稍有酸味。酸性。在石灰性土壤上易与钙化合成不溶性钙盐。有效成分以水溶性为主	不宜与碱性肥料混合贮存。适于各种土壤和各种作物。在酸性土壤上要先施石灰，6～7天后再施用。为了防止土壤固定，可与少量有机肥混合施用。一般用作基肥、种肥集中条施。如来不及作基肥、种肥，应及早追施。用1%～2%浓度的溶液对小麦、玉米、棉花、果树等叶面喷施，有良好效果
钙镁磷肥	16	灰褐色或绿色粉末。碱性。有效成分为柠檬酸溶性的。不吸湿，易保存，运输方便	肥效较慢。宜作基肥，不宜作追肥。最好与堆肥混合堆沤施用。深施在作物根系分布最多的土层效果较好。适宜于酸性土壤。在石灰性土壤上效果略低于过磷酸钙
脱氟磷肥	25～30	灰白色或灰黑色的颗粒或粉末。不易吸水，无腐蚀性。所含磷素大部分为柠檬酸溶性的	同钙镁磷肥

附表4　化学肥料性质与特点——钾肥

肥料名称	含钾量/%	性质	使用特点
硫酸钾	48～52	白色结晶，易溶于水。吸湿性很小，贮存时不结块。化学中性，生理酸性	可作基肥、种肥、追肥。钾素一般可被土壤吸附，不会流失，但在保肥能力差的沙土上也要采取“少量多餐”的措施。应首先用在甜菜、马铃薯、红薯等喜钾作物上。在酸性土壤施用应注意施石灰
氯化钾	50～60	白色结晶，工业产品略带黄色。化学中性，生理酸性。易溶于水，吸湿性小	作基肥、追肥均可。对土壤酸化程度较硫酸钾为重，酸性土壤上要注意施石灰。除对烟草、薯类等忌氯作物不宜施外，其他作物均可施用

附表 5　化学肥料性质与特点——复合肥料

肥料名称	养分含量/%			性质	使用特点
	氮	磷	钾		
磷酸一铵（安福粉）	11～12	56	—	一般灰色，多制成粒状。无腐蚀性，溶解性差	所含养分以磷为主。可用作基肥或种肥，作种肥可与种子混在一起，不会烧苗。由于磷多氮少，要注意补施氮肥，用量可比过磷酸钙少1/3～1/2
磷酸二铵（重安福粉）	20～21	46～53	—		
硝酸钾	13～15	—	45～46	白色结晶。易溶解，有吸湿性。化学反应与生理反应均属中性	肥效快，可作种肥、追肥。在缺钾的沙质土及漏肥土上，要采用“少量多餐”的措施

附表 6　化学肥料性质与特点——微量元素肥料

肥料种类	缺肥土壤	缺肥症状	施肥方法
硼肥硼酸（17.5%）、硼砂（11.3%）、硼镁肥（1.4%）、硼泥（1%）	石灰性土壤，地下水位高的沙滩地，多雨地区的酸性土壤	小麦穗子空瘪，棉花不结铃，油菜“花而不实”，豆类根部结瘤差。果实小枝生长点死亡，果树表面有黑色斑块，落果严重	①浸种、拌种：浸种用0.01%～0.02%硼砂溶液浸5h。拌种浓度稍大 ②喷施：用0.02%～0.1%溶液。小麦孕穗期、油菜薹花期、棉花蕾期、果树盛花期喷1～3次 ③根施：大田每亩用硼砂0.5～0.75kg，果树0.4～0.6kg/株，结合深翻施下
锰肥硫酸锰（27%）、氯化锰（17%）、钢铁厂炉渣（1%～5%）	黄土母质上发育的土壤，轻质石灰性土壤	苹果、柑橘、桃、葡萄、番茄易发病。主要表现为幼嫩叶片叶脉间失绿，从叶缘起向中间发展，严重时叶尖变枯	①豆科作物和磷肥配合，非豆科作物和氮、磷配合效果好 ②与酸性化肥混施以减少固定 ③根施每亩硫酸锰1kg。拌种4～8g/kg种。浸种、喷施以0.1%为宜，浸种12h，喷施加尿素有助叶片吸收，时间在花期前

续表

肥料种类	缺肥土壤	缺肥症状	施肥方法
钼肥钼酸铵(54%)	黄土母质上发育的土壤,轻质石灰性土壤,冲积沙土	豆科作物结瘤不良,固氮作用减弱;番茄叶色变浅,叶缘上卷;甜菜叶色变白	①豆科、十字花科作物施钼肥效果极显著 ②处理种子:0.1%溶液浸种12h。每千克种子用2g拌种 ③喷施:浓度0.01%~0.1%,苗期与花期都喷效果好
锌肥硫酸锌(23%)、氯化锌(48%)	石灰性土壤新平整的生土地,沙质冲积土,磷素丰富的土壤	玉米幼苗呈白色,苗期叶脉间失绿,呈黄白条带状,后期果穗小,缺粒秃尖。烟草叶缘现黄白病斑,叶变小。辣椒叶脉及叶缘变黄白。苹果、梨叶变小、色不匀、节间缩短。桃叶变小、变细,叶色暗	①根施:每亩0.75~1.5kg,与酸性肥料混合深施。勿与磷肥混施 ②处理种子:用0.02%~0.05%溶液浸种,每千克种子用2~6g拌种 ③喷施:用0.1%~0.5%溶液,加少量熟石灰可避免药害,可与杀虫剂合喷
铜肥硫酸铜(26%)、炼铜矿渣	含大量有机质的沼泽化土壤和泥炭土	谷类穗芒发育不全,有时大量分蘖不抽穗。洋葱鳞片变薄。番茄叶片卷缩,不开花	用0.02%~0.05%硫酸铜溶液喷施或浸种

三、无公害葡萄生产中主要病虫害防治历

日期	物候期	主要病虫害	防治技术	备注
11月~3月中旬	休眠期	越冬菌源和虫源:白腐病、黑痘病、炭疽病、褐斑病、黑腐病、螨类蚧壳虫、叶甲、透翅蛾	①结合冬季修剪,剪除各种病虫枝、叶、干枯果穗 ②清园后对树木喷1次1:1:200石硫合剂或30倍晶体石硫合剂	结合秋翻土施基肥
3月中旬~4月上旬	萌芽~露白前	炭疽病、黑腐病、白腐病、黑痘病、蚧壳虫、毛毡病	①芽开始膨大时喷1次1:0.5:200石硫合剂或30倍晶体石硫合剂 ②喷80%波尔多液(必备)可湿性粉剂400倍液	禁用五氯酚钠

续表

日期	物候期	主要病虫害	防治技术	备注
4月中旬～5月上旬	新梢展叶开花前	黑痘病、霜霉病、灰霉病、穗轴褐枯病	①发病前80%代森锰锌(大生)可湿性粉剂600～800倍液或20%多菌灵可湿性粉剂500倍液,每隔7～10天喷1次,连喷2～3次 ②黑痘病发生初期喷40%氟硅唑(福星)乳油6000倍,间隔10天喷2次 ③灰霉病在花前15天和2天喷50%腐霉利(速克灵)或50%异菌脲(扑海因)1000倍液	避雨栽培保花
5月中下旬～6月中下旬	落花后～幼果膨大期	黑痘病、炭疽病、灰霉病、霜霉病、蚧壳虫、金龟子、叶蝉、透翅蛾螨类	①发病前喷75%代森锰锌(易保)水分散粒剂1500倍液,每隔5～7天喷1次,连喷2次 ②黑痘病发生初,喷40%氟硅唑(福星)600～700倍液,每隔8～10天喷1次,连喷2～3次 ③霜霉病发生初,喷72%霜脲锰锌(克露)600～700倍液或50%甲霜锰锌1500倍液,每隔5～7天喷1次,连喷2～3次 ④若雨水多,霜霉病发生严重时,可使用52.5%噁唑菌酮·霜脲氰(抑快净)2000～3000倍液 ⑤如发生虫害,喷药时可混用10%杀螨净1500～2000倍液或吡虫啉300倍液	限量使用吡效隆膨大剂

续表

日期	物候期	主要病虫害	防治技术	备注
6月下旬～7月上旬	浆果硬核期～着色初期	白腐病、炭疽病、霜霉病、白粉病、金龟子	①发病前喷75%代森锰锌(易保)水分散粒剂1000～1500倍液，每隔10天喷1次，连续喷2次 ②72%霜脲锰锌(克露)700倍液，每隔7天喷1次 ③40%氟硅唑(福星)6000倍液或10%苯醚甲环唑(世高)600～700倍液 ④75%百菌清可湿性粉剂800～1000倍液 ⑤77%氢氧化铜(可杀得)可湿性粉剂400～500倍液	增施钙肥，防缩果病，防鸟害，套袋
7月中旬～8月	浆果着色期～浆果完全成熟期	炭疽病、白粉病、白腐病、吸果夜蛾	①15%三唑酮(粉锈宁)可湿性粉剂1500倍液 ②52.5%噁唑菌酮·霜脲氰(抑快净)2500倍液 ③防虫害加氟氯氰菊酯(百树得)2000～3000倍液	注意农药安全间隔期
9月～10月	新梢成熟～落叶期	霜霉病、白粉病、锈病、叶斑病	①72%霜脲锰锌(克露)700～800倍液，每隔7～10天喷1次，连喷2次 ②15%三唑酮(粉锈宁)可湿性粉剂1500倍液 ③波尔多液0.7∶240	

注：早熟品种或晚熟品种按生育期和病虫害发生迟早，防治时期相应作调整。

四、无公害葡萄生产中允许使用的部分杀菌剂简表

种类	毒性	稀释倍数和使用方法	防治对象
5%菌毒清	低毒	600倍，叶面喷雾	霜霉病、黑痘病、炭疽病

续表

种类	毒性	稀释倍数和使用方法	防治对象
80%代森锰锌可湿性粉剂	低毒	600～800倍,叶面喷雾	霜霉病、灰霉病、炭疽病、褐斑病、白腐病
70%甲基硫菌灵可湿性粉剂	低毒	800～1000倍,叶面喷雾	霜霉病、黑痘病、炭疽病
50%多菌灵可湿性粉剂	低毒	600～800倍,叶面喷雾	霜霉病、黑痘病、炭疽病
40%氟硅唑乳油	低毒	6000～8000倍,叶面喷雾	褐斑病、炭疽病、白腐病
波尔多液	低毒	石灰等量式或多量式200倍	霜霉病、褐斑病、白腐病
70%乙磷铝可湿性粉剂	低毒	500～600倍,叶面喷雾	霜霉病、褐斑病、白腐病、炭疽病
5%三唑酮乳油	低毒	1500倍,叶面喷雾	白粉病
石硫合剂	低毒	发芽前,喷洒树干	越冬害虫,蚧壳虫等
75%百菌清	低毒	600～800倍,叶面喷雾	褐斑病、炭疽病、白腐病

五、无公害葡萄生产中允许使用的部分杀虫剂简表

种类	毒性	稀释倍数和使用方法	防治对象
1.8%阿维菌素乳油	低毒	4000～5000倍,喷施	叶螨、金纹细蛾等
0.3%苦参碱水剂	低毒	800～1000倍,喷施	蚜虫、叶螨等
10%吡虫啉可湿性粉剂	低毒	5000倍,喷施	蚜虫、金纹细蛾等
3%啶虫脒乳油	中毒	2000～2500倍,喷施	蚜虫、桃小食心虫等
25%灭幼脲三号浮剂	低毒	1000～1500倍,喷施	天蛾类、桃小食心虫等
50%辛脲乳油	低毒	1500～2000倍,喷施	天蛾类、桃小食心虫等
50%蛾螨灵乳油	低毒	1500～2000倍,喷施	天蛾类、桃小食心虫等
50%辛硫磷乳油	低毒	1000～1500倍,喷施	蚜虫、桃小食心虫等
5%噻螨酮乳油	低毒	2000倍,喷施	叶螨类
10%浏阳霉素乳油	低毒	1000倍,喷施	叶螨类

续表

种类	毒性	稀释倍数和使用方法	防治对象
15%哒螨灵乳油	低毒	3000倍,喷施	叶螨类
苏云金杆菌可湿性粉剂	低毒	500～1000倍,喷施	卷叶虫、尺蠖、毛虫类
10%烟碱乳油	中毒	800～1000倍,喷施	蚜虫、叶螨、卷叶虫等
25%噻嗪酮可湿性粉剂	低毒	1500～2000倍,喷施	蚧壳虫、叶蝉类
5%氟啶脲乳油	中毒	1000～2000倍,喷施	卷叶虫、桃小食心虫、毛虫类

六、无公害葡萄生产中国家禁用农药

种类	农药名称
有机磷类杀虫剂	甲拌磷、乙拌磷、久效磷、对硫磷、甲胺磷、甲基对硫磷、甲基异柳磷、氧化乐果、磷胺
氨基甲酸酯类杀虫剂	克百威、涕灭威、灭多威
二甲基甲脒类杀虫杀螨剂	杀虫脒
有机氯杀螨剂	三氯杀螨醇
有机硫杀螨剂	克螨特
有机氯杀虫剂	滴滴涕、六六六、林丹
氟制剂	氟化钠、氟乙酰胺
砷制剂	福美砷及其他砷制剂

参 考 文 献

[1] 劳秀荣，杨守祥，李燕婷．果园测土配方施肥技术百问百答［M］．北京：中国农业出版社，2009.

[2] 劳秀荣，杨守祥，韩燕来．果园测土配方施肥技术［M］．北京：中国农业出版社，2008.

[3] 劳秀荣．果树施肥手册［M］．北京：中国农业出版社，2000.

[4] 姜远茂，彭福田，巨晓棠．果树施肥新技术：苹果、梨、葡萄、桃、杏、李、甜樱桃、草莓、油桃［M］．北京：中国农业出版社，2002.

[5] 钟泽．果园科学施肥［M］．北京：中国农业科学技术出版社，2006.

[6] 于忠范．果树营养与平衡施肥技术［M］．济南：山东科学技术出版社，2011.

[7] 张洪昌，段继贤，李翼．北方果树专用肥配方与施肥［M］．北京：中国农业出版社，2011.

[8] 宋志伟，杨净云．果树测土配方施肥技术［M］．北京：中国农业科学技术出版社，2011.

[9] 姜存仓．果园测土配方施肥技术［M］．北京：化学工业出版社，2011.

[10] 郭大龙．葡萄科学施肥［M］．北京：金盾出版社，2013.

[11] 张洪昌，段继贤，王顺利．果树施肥技术手册［M］．北京：中国农业出版社，2014.

[12] 刘淑芳．图说葡萄病虫害诊断与防治［M］．北京：机械工业出版社，2014.

[13] 楚燕杰．葡萄病虫害诊治原色图谱［M］．北京：科学技术文献出版社，2011.

[14] 陈爱华，潘铭均，章日华，等．葡萄病虫害诊治技术［M］．福州：福建科学技术出版社，2011.

[15] 张一萍．葡萄病虫害诊断与防治原色图谱［M］．北京：金盾出版社，2005.

[16] 王忠跃．中国葡萄病虫害与综合防控技术［M］．北京：中国农业出版社，2009.

[17] 杨治元．葡萄病虫害防治［M］．上海：上海科学技术出版社，2005.

[18] 姬延伟，焦汇民，李自强．葡萄病虫害防治彩色图说［M］．北京：化学工业出版社，2009.

[19] 辽宁省科学技术协会．葡萄病虫害防治新技术［M］．沈阳：辽宁科学技术出版社，2009.

[20] 刘捍中，刘凤之．葡萄无公害高效栽培［M］．北京：金盾出版社，2009.

[21] 潘兴．葡萄标准化生产技术［M］．北京：金盾出版社，2007.

[22] 刘崇怀．优质高档葡萄生产技术［M］．郑州：中原农民出版社，2003.

[23] 王江柱．葡萄高效栽培与病虫害看图防治［M］．北京：化学工业出版社，2011.

[24] 张静．葡萄优质高效安全生产技术［M］．济南：山东科学技术出版社，2006.

[25] 孙海生．图说葡萄高效栽培关键技术［M］．北京：金盾出版社，2009.
[26] 周军，陆爱华．葡萄优质高效栽培实用技术［M］．南京：江苏科学技术出版社，2012.
[27] 杨力，张民，万连步．葡萄优质高效栽培［M］．济南：山东科学技术出版社，2009.
[28] 王华新．南方鲜食葡萄优质高效栽培技术［M］．北京：中国农业出版社，2010.
[29] 刘军．葡萄病虫害综合防治措施［J］．天津农林科技，2011，(6)：17-18.
[30] 王连起，刘玉敏，曲香远，等．葡萄病虫害综合防治技术［J］．烟台果树，2006，(4)：29-30.
[31] 张崇丽．葡萄主要病虫害的防治措施［J］．农技服务，2013，(7)：722-723.
[32] 陈华，吕涛，马兴旺，等．葡萄植株营养诊断与平衡施肥调节技术研究应用［J］．新疆农业科学，2003，(6)：321-323.